육아는 모든 순간이 소통이다

육아는 모든 순간이 소통이다

명랑 **고명순** 지음

매일경제신문사

육아에는 정답이 없습니다

"정말로 행복한 나날이란 멋지고 놀라운 일이 일어나는 날이 아니라 진주 알들이 하나하나 한 줄로 꿰어지듯이 소박하고 자잘한 기쁨들이 조용히 이어지는 날들인 것 같아요."

긍정의 아이콘 빨강머리 앤이 남긴 말입니다. 저는 앤처럼 행복한 마음으로 살고 싶었던 소녀였습니다. 하지만 그렇지 못했기 때문에 제 유년이 문득문득 나타났다 사라지는지도 모를 일입니다. 저는 스무 해가 넘도록 취학 전 아이들과 함께 지내는 어린이집 선생님입니다. 아이들과 함께할 수 있다는 건 크나큰 축복인 것은 틀림이 없습니다. 그러나 어느 날에는 한없이 좌절하고 마음을 다치며 처절하게 무너지기도 합니다.

특히 요즘처럼 어린이집에 대한 부정적인 언론 보도가 있을 때는 더욱 그렇습니다. 좋은 것, 잘하는 것도 찾아낼 수 있어야 진정한 언론인이 아닐까 하면서 투덜거려 보기도 합니다.

우리는 하루에도 수많은 사회적 관계를 맺으면서 살아갑니다. 인간은 사회적 동물이기 때문입니다. 아이에게는 그 첫 번째가 바로 부모와의 관계입니다. 아이는 부모만을 믿고 세상과 맞닥뜨려진 한없이 나약한 존재입니다.

부모 역시 부모가 되는 순간부터 아이를 본능적으로 사랑하는 사람입니다. 어쩌면 더 사랑하기 위해서 의도치 않게 화를 내게 되고 윽박지르거나 훈육을 핑계로 체벌을 하는지도 모릅니다. 그러고 나서 후회와 반성으로 자책도 하면서 말입니다.

부모 역시 부모가 처음이기 때문입니다. 그렇다면 좋은 육아, 바른 육아에 대한 정답은 무엇일까요? 육아에 정답은 없습니다. 아이가 자라는 만큼 부모 역시 함께 성장하는 과정이 육아이기 때문입니다. 아이를 있는 그대로 받아들이고 인정하는 일은 무엇보다 중요합니다. 아이의 기질과 성격을 파악하고 이해하게 되는 순간, 아이를 아이다움으로 바라보게 됩니다.

기질이란 태어날 때부터 신경전달 물질에 의해 선천적으로 결정된 특징입니다. 그러므로 부모 또는 양육자가 아이의 기질을 바꿀 수 있거나 고칠 수 없는 부분임을 알아야 합니다. 아이의 기질을 좋다, 나쁘다로 평가할 수 없는 이유이기도 합니다. 양육자의 잣대로 아이를 판단하려는 마음부터 버려야 합니다. 아이는 안전한 환경에서 양육자의 따뜻한 지지와 사랑을 먹고 자라나는 존재입니다.

저는 남자아이 둘을 키우는 엄마이면서 20년이 넘게 많은 부모와 아이들을 만나며 지내고 있는 어린이집 원장입니다. 그런데 신기하게도 '아이를 보면 부모를 알 수 있다'는 말이 어쩌면 그렇게 와닿을까요? 순한 아이에게는 순한 부모가 있었고, 까다로운 기질의 아이는 또 까다로운 부모와 함께 지내는 아이입니다. 순한 아이는 어린이집에서도 편안하게 잘 지내는 반면 까다로운 아이의 경우는 놀이시간에도 언제나 긴장하며 관찰해야 하는 대상이 됩니다.

육아는 아이와 부모가 소통하면서 한 곳을 바라보고 나아가는 여정입니다. 아이와의 소통은 다양한 말과 행동이 복합적으로 이뤄져야 합니다. 소통은 아이와 눈높이를 맞추고 좋은 감정은 좋은 감정대로, 나쁜 감정은 나쁜 감정대로 수용하고 인정하는 자세에서부터 출발됩니다.

아이를 가장 잘 아는 사람은 아이를 낳고 아이의 매 순간을 함께

해온 부모입니다. 아이를 관찰하고 민감하게 반응하는 것만으로도 아이는 빛을 내며 성장합니다. 아기의 첫 울음, 첫 눈맞춤, 첫 움직임과 첫 옹알이. 우리는 아이의 처음에 얼마나 많은 박수와 찬사를 보냈는지 잊지 말아야 합니다. 저와 부모 자식의 관계를 맺은 두 아이도 처음을 거쳐 미운 네 살, 무서운 일곱 살, 웬수 같은 사춘기가 되었습니다.

저는 제 아이들에게 좋은 부모라는 평가는 받지 못할 것 같습니다. 욱하고 화내고 짜증내고 사랑스럽지 않게 대하는 날들이 많았음을 고백합니다. 하지만 바라건대 저를 엄마로 만난 것을 후회하지는 않았으면 좋겠습니다. 왜냐하면 지금 이 순간부터 괜찮은 엄마로 살려고 노력하고 있으니까 말입니다.

우리 아이들이 어떤 모습으로 살게 될지는 아무도 모를 일입니다. 다만 스스로가 좋아하는 일을 하면서 행복하게 살기를 간절히 바라며 응원하고 싶습니다. 행복한 일이 훌륭한 일이 되게 하는 것은 부모의 강요가 아닌 따뜻한 시선으로 지켜봐주는 일이면 충분합니다.

제 서툰 *끄적임*이 아이가 행복해지길 바라는 부모에게, 자신의 수고로 아이가 변화되기를 바라는 따뜻한 어른들에게 작은 위로와 응원의 메시지가 되기를 바랍니다. 실패와 후회의 연속이지만 육아는 부모만이 누릴 수 있는 특권임을 함께 이야기하고 싶었습니다.

세상의 모든 부모와 자녀가 마음 높이가 맞는 소통의 달인이 되기를 간절히 바랍니다. 이 책을 엮으면서 내 이름과 어머니의 이름을 붙여 '명랑'이라는 필명을 지었습니다. 느리지만 꾸준하게 글을 엮어내는 작가로 살아가려고 합니다. 제 글이 예쁘게 세상과 마주할 수 있도록 도움주신 출판사 대표님, 편집자님 이외 관계자 여러분께 우선 감사드립니다.

그동안 묵묵히 지켜봐준 착한 내 남자 김성철 님과 내 분신인 두 아들에게 눈물이 나게 고마운 마음을 전합니다. 사례에 등장해준 가족 여러분, 많은 지인들과 제가 만나온 별 같은 아이들에게도 기쁨의 마음을 함께 나누고 싶습니다.

아이들은 존재만으로도 세상의 빛이 됩니다.

명랑 고명순

목차

3장 칭찬과 훈육에도 원칙이 필요하다

4장 서툴지 않게 진심을 전하는 8가지 대화법

5장 아이는 부모의 시간을 기다려주지 않는다

1장

육아는 모든 순간이
소통이다

육아는 모든 순간이 소통이다

"우리는 아이와 얼마나 소통하고 있을까?"

세상의 모든 부모에게 '아이를 얼마나 사랑하느냐'라고 묻는다면 십중팔구는 '목숨을 내줄 수 있을 만큼'이라고 대답할 것이다. 그걸 어떻게 증명할 거냐고 다시 묻는다면 선뜻 대답할 수 있을지 의문이다.

나는 어린이집 교사다. 아니 원장이다. 정확히 표현하자면 잡다한 일을 맡아서 하는 잡부다. 20년 넘게 그 중요하다는 결정적 시기의 영유아들과 함께 지내고 있다. 그동안 해놓은 것을 꼽으라면, 울음소리로 아이들이 뭘 원하는지 대충은 눈치챌 수 있는 경지에 이르렀다고 말하고 싶다.

언어 발달이 미숙한 영아들의 울음은 최고의 소통 수단이다. 그

때문에 양육자를 포함한 모든 어른은 그들의 울음소리에 최대한 민감하게 반응해야 한다.

'민감하다'는 것은 자극이나 조건에 빠르고 날카롭다는 의미다. 덴마크 최고의 심리치료사이자 베스트셀러 작가인 일자 샌드(Ilse Sand)는 저서 《센서티브》에서 '민감함은 결함이 아니라 신이 주신 조금 피곤한 재능'이라고 말했다.

나는 함께하는 동료는 물론 학부모들에게도 일과 중 아이들의 머리부터 발끝까지를 관찰하고 민감하게 반응할 것을 강조하고 당부한다. 민감한 반응 자체가 곧 소통이라고 믿기 때문이다. 언어적 상호작용이 어려운 영아일수록 민감한 반응은 육아에 있어 가장 중요한 요소라고 할 것이다.

심하게 울고 있는 돌 전후의 아기가 있다고 생각해보자. '배가 고픈가?', '어디가 아픈가?', '졸린가?', '기저귀가 젖었나?' 등 자세한 관찰과 민감한 반응만으로도 아기가 우는 다양한 원인을 찾고 해결해줄 수 있다.

나는 서른일곱에 첫 아이를 출산했다. 2.4kg의 미숙아로 태어난 큰아들은 유독 엄마인 나를 힘들게 했다. 울음통이 어찌나 큰지 한번 울기 시작하면 그칠 줄을 몰랐다. 몸 안에 있는 산소를 모두 없애고서야 기절하듯 잠들고는 했다. 수면 주기도 워낙 짧아서 먹고

난 우유병을 소독할 시간조차 주지 않는 예민 덩어리였다. 태교도 나름대로 한다고 했는데 어디서 이런 요물이 태어났는지 모르겠다며 투덜거리기도 했다.

한방, 양방을 가리지 않고 병원을 몇 군데나 다녀야 했다. 정말 어디가 안 좋은데 방치하고 있는 것이 아닌가 싶을 정도였으니까 말이다. 나도, 남편도 초보 부모 역할에 허둥대기는 피차일반이었다.

진료차 찾은 병원 한 곳에서 '영아산통'이라는 이야기를 들을 수 있었다. 생후 6주 차부터 간헐적으로 나타나는 증상이라고 했다. 산통이 없을 때 아이가 안정적인 경우라면 특별한 처치나 치료법이 없다고 했다.

그날 이후 남편과 나는 조금은 편안해진 마음으로 아이의 울음을 마주할 수 있었다. 복부 마사지를 해주거나 발바닥을 조물거리고, 조곤조곤 노래를 불러주기도 했다. 나름 초보 부모로서 소통을 게을리하지 않았다. 정말 의사의 말처럼 백일을 넘길 즈음부터 숨넘어가듯 우는 아이의 모습이 사라졌다. 그 아이가 어느새 자라서 목소리가 걸걸한 사춘기 청소년이 되었다. 지금도 가끔, 지독하게 우는 것으로 존재감을 드러냈던 녀석이라고 추억처럼 말하고는 한다.

인간의 '살고자 하는 의지'를 '생존력'이라고 한다, 식욕과 수면욕이 인간의 생존을 위해 꼭 필요한 생리적 욕구라면, 자신의 존재감을 확장하기 위한 심리적 욕구가 인정 욕구다. 갑자기 욕구를 들먹이는 이유는 갓난아이에게도 인정받고 싶은 욕구가 존재하기 때문이다. 울음으로 자신이 생존해야 할 이유를 부모 혹은 양육자에게 각인시키는 일종의 자기표현이라는 것이다. 그 때문에 우리는 아이와 어른을 막론하고 제때 아이의 감정을 읽어주는 민감한 소통자가 되어야 한다.

인간은 관계 속에서 살아가는 사회적 동물이다. 관계를 유지하는 힘이 곧 소통이다. 아이가 생애 초기, 부모와 상호작용한 경험은 자라면서 타인과 원활한 관계를 맺는 데 영향을 미치게 된다. 기질적인 특성과 성향의 차이는 있겠지만 부모라는 환경적 요인이 자녀에게 미치는 영향이 얼마나 큰지는 굳이 거론하지 않겠다.

눈을 뜨는 순간부터 잠자리에 드는 시간까지 끊임없이 부모 역할을 요구하는 것이 육아다. 오죽했으면 '독박육아'니 '육아전쟁'이니 하는 표현까지 생겨났을까 싶다.

어떤 부모이건 최고의 사랑으로 자녀를 잘 키우려는 목표를 가지고 있다. 그러나 경우에 따라서는 전쟁 같은 사랑을 경험하게도 된다. 막무가내로 울며 떼쓰는 경우엔 아무리 경지에 이른 부모라 할지라도 속수무책이다. 참을 인을 셀 수 없이 마음에 새기며 도를 갈고 닦아야 한다.

또 어떤 사람들은 말썽을 피우거나 떼쓰지 않으면 아이답지 않다는 말도 한다. '착한 아이만 키웠나 보다' 할 수도 있겠지만, 세상에 착하기만 한 아이는 없다. 순간순간에 충실히 반응했을 것이다.

존 가트맨(John Gottman) 박사는 아이의 감정을 충분히 받아주고 좋은 감정으로 이끌어주는 것이 부모의 가장 큰 사랑의 기술이라고 강조한다. 그 육아 방법은 세상에 대한 경외감과 호기심을 키워주는 것이다. 부모의 조건이 없는 사랑은 아이를 키우는 데 가장 기본이 되는 사항이다. 조건 없이 아이를 아이 그대로 받아들이고 대해야 한다. 늘 관심 있게 지켜보고 관찰하며 민감하게 반응하는 것이 아이와의 관계를 끈끈하게 만드는 원동력이다.

얼마 전 어린이집에서 있었던 일이다. 잠투정이 심한 두 살 지호는 낮잠을 자고 일어나면 거의 매일 '아니, 아니'부터 시작한다. 뭐가 불편한지 모르는 선생님은 답답하지 않을 수 없다. 안고, 어르고 달래도 소리를 지르며 울어댄다. 그 용하다는 '마O쭈'를 건네도 머리를 흔들며 '아니, 아니'를 반복할 뿐이다. 지호와 선생님 사이 소통 채널에 버퍼링이 생기는 순간이다.

이런 경우엔 잠깐 지호의 '아니, 아니'를 인정해주기로 하자. "그랬구나", "하고 싶으면 알려 줘!", "선생님이 필요하면 이리 와줘!" 그렇게 지호의 불편한 마음을 읽어주고 반응해주면 된다. 잠이 덜 깼거나, 꿈을 꿨을 수도 있고, 배변을 원하는 것일 수도 있다. 시원하게 원인을 알지 못하는 경우에는 '그냥 있어주기' 소통 방법을 활용하자. 그러고 나면 오래지 않아 진정되거나 스스로 울음을 그쳐보려고 시도하기도 한다. 선생님 가슴을 비비며 안아달라는 몸짓을 보내온다. 그때 마음을 다해 안아주면 된다.

소통은 아이와 눈높이를 맞추고 아이의 입장이 되어 보는, '역지사지'를 실천하는 마음 맞추기다. 나쁜 감정은 나쁜 대로, 좋은 감정은 좋은 대로 보듬어주고 수용하고 인정하는 것이다. 세상에 틀린 감정은 없기 때문이다. 나를 비롯한 이 세상 모든 부모가 아이와의 소통전문가로 거듭나기를 바란다.

후회 없는 육아는 불가능하다

    후회 없는 육아가 가능할까? 2020년 통계에 따르면 전국에 약 4만여 개소의 어린이집이 있다. 2015년에는 어린이집 내 CCTV 설치가 의무화되었다. '어린이집에서 발생할 수 있는 각종 안전사고와 일부 보육교사 등에 의한 아동학대를 방지하기 위함'이라는 것이 의무화의 명분이었다. 법안 제정 당시 찬반 논란이 있었지만 결국 어린이집 공용 공간 내 CCTV 설치가 의무화되었던 것이다. 어린이집 현장에서는 이를 두고 족쇄라는 표현을 쓰기도 한다. 도입 초기 어린이집 현장을 떠나는 교사들도 대거 발생하기도 했다.

    나 역시 의무화에는 반대하는 입장이었다. 10시간이 넘게 보육하는 동안 아이들은 물론 교사들의 일거수일투족이 실시간 방출된다는 점이 납득하기 어려웠다. 석사학위 논문도 어린이집 CCTV

관련 주제로 발표했다.

　요새는 내성이 생겨서 "CCTV 좀 보겠습니다" 하며 어린이집을 찾는 학부모들도 부담 없이 만나게 된다. 어린이집 입장에서는 열람 사유에 합당한지 확인하고, 절차에 따라 열람하면 된다. 문제는 해프닝으로 끝나거나, "제가 아이 말만 듣고…"식으로 일단락되는 경우가 대부분이라는 데 있다. 이 경우 가장 염려되는 것은 아이와 교사의 마음이다.

　"선생님! 별일 다 겪잖아요! 잊어버리세요!" 말은 이렇게 하지만 잊기 어렵다는 걸 알기 때문에 더 염려스럽다. 아이 역시 부모와 자기 선생님과의 신뢰 관계가 깨지고 있다는 것을 눈치채게 된다. "애가 뭘 알아요?" 하겠지만 아이도 알 건 다 안다. 육아는 감시가 아닌 관심이어야 한다.

　발달심리학자 마이클 토마셀로(Michael Tomasello)는 《이기적 원숭이와 이타적 인간》에서 인간은 아기 때부터 '타고난 도우미'라고 표현했다. 누군가를 돕고자 하는 마음이 부모가 자녀에게 사회화 과정을 교육하기 이전인 생후 14개월에서 18개월이면 이미 관찰된다는 것이다. 인간은 태어나면서부터 어떤 보상 없이도 타인을 아끼고 돕는 존재라는 뜻이다. 후회 없는 육아를 실천할 수 있는 자질을 우리는 이미 가지고 있다.

우리는 누구나 사랑으로 아이를 양육하고자 하는 마음을 가지고 있다. 그런데 왜 매번 실패하게 되는 것일까? 왜 매일 화내고 후회와 반성을 반복하게 되는 것일까? 육아에는 연습이 없기 때문이다. 아무리 다자녀의 부모라고 해도, 양육 경험이 있다고 해도, 언제나 새롭고 어려운 것이 육아다.

현대인들은 하루 24시간이 모자랄 정도로 바쁘게 살아가고 있다. 바쁘다는 핑계로 우리 마음 안에 이미 장착된 사랑의 생각들을 밖으로 펼쳐 보이지 못한다. 선천적으로 우리는 사랑의 육아를 할 수 있는 천부적인 재능을 가지고 있음에도 활용하지 못하는 것이다.

아이들은 미소짓는 친절한 사람을 좋아한다(물론 어른들도 그렇다). 아이들을 사랑 가득한 눈길로 바라봐주는 것만으로도 우리는 아이에게 미소짓는 친절한 사람이 될 수 있다.

부모와 선생이란 호칭은 아이가 있어야만 들을 수 있는 말이다. 첫돌부터 만 4세까지를 유아기라고 한다. 다섯 살 이전의 아이들은 부모의 사랑을 잃는 것에 대한 두려움이 크다고 한다. 가령, 우연히 한글을 읽은 아이에게 지나친 칭찬을 쏟았을 경우, 아이는 '이렇게 해야 부모가 기뻐하고 칭찬하는구나'라고 받아들이게 된다. 그러면 아이는 기대에 부응해야 한다는 부담감을 안게 된다. 실패했을 때 부모가 실망할 수도 있겠다는 두려움으로 주눅이 들거나 수

치심을 느끼게 된다고 한다.

아이들의 모든 발달은 유기적으로 연결되어 있다. 걷기 시작하고, 혼자 할 수 있는 게 많아지면서 호기심과 자율성이 발달한다. 부모와 교사는 아이들의 이런 성장 발달의 안내자이자, 지지자의 역할을 해주면 된다. 아이들 스스로 호기심을 가지고 세상을 관찰하고 알아 갈 수 있도록 바라봐주면 된다. 그럴 경우, 아이는 성인이 가르쳐주는 것보다 훨씬 많은 것을 탄탄하게 배우게 된다. 단, 안전이 보장되는 경우에 한해서다.

인간은 누구나 성공하는 삶을 꿈꾼다. 성공하기 위해 성공법을 배우거나 재테크를 공부하기도 하고 어학 공부에 전념하기도 한다. 가난을 경험한 세대의 경우 아이에게만큼은 절대로 가난을 대물림하지 않으려고 안간힘을 쓴다. 그런데 정작 자신의 목숨보다 귀하다는 아이를 잘 키우는 방법에 대한 공부는 뒷전이다. 그러면서 '힘들다', '어렵다'라는 말을 입에 달고 별스럽게 굴거나 우울증에 시달리기도 한다. 육아에 실패하는 원인을 양육자 자신에게서 찾아야 하는 이유기도 하다.

나는 모든 부모가 육아에 전념해야 하는 10년 내외의 기간 동안 아이가 자라는 만큼 부모도 함께 성장해가기를 간절히 바란다. 아이와 함께 부모도 자라는 것이 육아다. 아이의 발달적 특성에 대한 이해는 기본이다. 두 돌 무렵이 되면 아이들은 모든 말에 "왜?"를 끊임없이 붙여댄다. 세상 전부가 궁금한 것 투성이기 때문이다. 이때 부모도 함께 궁금해하고 아이의 눈높이에서 해답을 찾는 노력을 기울여야 한다. '지식보다는 지혜가 중요하다'고들 한다. 하지만 탄탄한 지식이 수반될 때 성립되는 말이다.

최근, 전 국민을 경악하게 했던 '정인이 사건' 등, 수많은 아동학대 관련 뉴스가 보도되고 있다. 차마 입에 담을 수조차 없는 사건도 허다하다. 통계에 따르면 아동학대 발생 건수의 80% 이상이, 가정에서 친부모 및 친족들에 의해 일어난다고 한다. 부모 역할의 중요성이 강조되는 이유다.

많은 육아 전문가들은 어떤 육아 방법이 좋고 나쁘다를 따지기전에 '우리 아이가 어떤 아이로 자랐으면 좋겠는지', '어떤 아이로키우고 싶은지'를 명확하게 아는 것이 중요함을 강조한다. 그다음'내가 제대로 된 육아를 하고 있을까?'라는 물음과 반성이 있어야한다.

1개월 늦게 옹알이를 하거나, 2~3개월 늦게 걸음마를 시작했다고 하자. 아이의 인생에서 이러한 1~3개월의 차이는 하나의 점만큼 작은 것에 불과하다. 그러니 조급해하지 말고 안심하자. 오늘부터라도 부디 의식적으로 육아 공부를 시작하기를 권한다. 수많은 육아 관련 유튜브 채널에서 매일 새로운 영상이 쏟아져나오고 있다. 유튜브 영상은 손쉽게 접할 수 있다는 장점도 있다. 꾸준히 공부하고 나만의 육아 노하우를 만들어보자. 아이는 스스로 자란다는 사실을 믿어야 한다.

아이들은 양육자가 관심을 가지고, 자신을 보호하고 지켜봐줄 때 "나는 세상에서 엄마가(선생님이) 제일 좋아요"라고 꿀 떨어지는 표현을 해준다. 진심이 묻어나는 말이다. 허투루 넘길 말이 아니다. 눈 맞춤, 손길, 표정과 말씨를 모두 아우르는 표현이기 때문이다.

나는 동료들에게 CCTV가 설치되어 있다는 데 너무 주눅들지 말자고 격려한다. 더 강력하게 반대해주지 못해 미안하다고도 말한다. 하지만 우리 가슴에는 자신만 아는 CCTV를 장착하고 있자고 강조한다. 교사 자신에게 자신의 모습이 사랑스러울 때 아이들은 고스란히 그 사랑을 먹고 사랑스럽게 자라게 된다. 그리고 "세상에서 제일 좋아요!"라는 말을 밥 먹듯 하는 따뜻한 아이로 성장해간다. 밥보다 아이들을 살찌우는 것은, 양육자의 끊임없는 사랑의 실천이다.

지난 여름 세 살 소정이가 놀이터에서 뛰어놀다 부딪쳐 이마에 멍이 들었다. 퇴근 후 집으로 돌아온 아빠는 소정이의 이마를 확인했고 불똥이 아내인 소정이 엄마한테로 튀었다. "애나 볼 것이지 일은 무슨 일이냐?"라고 나무라고 "어린이집 선생은 뭐하고 있었냐?"라며 화를 냈단다.

　이때 엄마가 출근하지 않고 아이와 함께 있었다면 다치지 않았을까? 만약, 아빠와 놀았다면…?. 결코 아니다. 주말과 휴일을 보내고 월요일에 등원하는 아이들을 보면 이마는 물론, 손이나 무릎할 것 없이 부딪치고, 넘어져서 다친 모습으로 올 때가 종종 있다. 이유를 물으면 "그냥 놀다가요!"가 대답의 전부다. 집에서는 놀다가 다쳐도 되고, 어린이집에서는 놀다가 다치면 절대 안 된다는 사고는 무슨 경우일까? 아이들의 발달 특성에 대한 이해 부족에서 오는 부모 역할의 오류다.

　육아는 감시가 아닌 관심이 필요한 일이다. 후회 없는 육아는 아이에게 관심을 쏟을 때 가능한 일이다. 나는 어린이집 현장에서 일어나는 에피소드를 담은 《왕잠자리 눈(가제)》이라는 동화를 집필하고 있다. 세상에 나오면 많은 부모와 함께 그 동화 이야기를 나누고 싶다. 어린이집의 선생님들에게 응원을 보내달라는 메시지와 함께.

작은 것도 놓치지 말아라

나는 '아기업게'라는 말을 좋아한다. 처음부터 좋아했던 것은 아니다. 아기업게는 어린아이를 업어주며 돌보는 여자를 낮춰 말하는 '업저지'의 제주어다. 동네 어르신들은 '어린이집 원장'이란 말이 익숙지 않은지 보통은 '아기업게'라고 부른다. 어린이집 선생이 되고, 결혼 후 아이를 낳고부터는 더 와닿는 말이다.

왠지 장인의 느낌이 묻어난다고나 할까? 20년 넘게 어린이집에 몸담고 있으면 보육에서만큼은 장인이라고 해도 과언이 아니다. 또한 장인이어야 마땅하다. 그동안 어린이집 정책에도 많은 변화가 있었다. 1900년대 탁아사업을 시작으로 현재는 국가에서 전액 보육료를 지원하는, 보육의 공공성과 서비스 강화에 중점을 두는 정책이 펼쳐지고 있다.

21세기가 바라는 인재상은 소통 능력, 협업 능력, 비판적 사고 능력, 창의적 능력을 고루 갖춘 사람이라고 한다. 누리과정이나 학교 교육과정도 이 점에 중점을 두고 있다. 기업의 채용기준이나 인재상에도 변화가 있는 것을 보면 짐작이 된다.

그렇다면 유아교육 전문가들이 중요하다고 말하는, 유아기의 육아는 어떻게 바뀌어야 할까? 적절한 육아 방법은 무엇일까? 이 점을 끊임없이 고민하면서 아이가 세상이 필요로 하는 사람으로 성장할 수 있도록 도와야 한다.

나는 신발을 벗고 진행되는 실내 행사를 선호하지 않는다. 모처럼 차려입고 9cm 하이힐을 신고 참석했는데 '행사장이 실내'면 그런 낭패가 없다. 계단 하나가 더 되는 키가 사라져버리고 만다. 본인 소개 시간이면 "앉으나 서나 키가 같은 ○○○"이라고 인사하면서 뻘쭘한 분위기를 살짝 바꿔보기도 한다.

이렇게 굳이 나의 일상을 말하는 이유가 있다. 우리가 살아가는 현재는 기성세대들이 그토록 원했던, 키 크고 예쁘고 멋지고의 기준이 점점 진화(?)되고 있어서다. 키가 크거나 작아도, 쌍꺼풀이 있거나 없어도 나름의 개성과 능력이 갖춰진다면 최고의 인재가 될 수 있음을 방증한다고 하겠다.

나는 농료들에게 '아이들이 좋아하는 선생님이 되어 달라!'고 당부한다. '어린이집에 오는 게 즐겁고 신날 수 있게 도와 달라'고 요청한다. 회의 때마다 주절주절 아이들이 좋아하는 선생님의 기준들을 아래와 같이 나열하면서 토론도 한다.

첫째. 밝은 표정을 유지해라.

아이, 어른을 막론하고 밝은 표정을 싫어하는 사람은 없다. 오죽했으면 '웃는 얼굴에 침 못 뱉는다'라는 속담이 다 생겼을까. 아이를 만나기 전 거울을 보면서 표정 관리를 해야 하는 이유다. 이미지 메이킹은 아이 앞에서도 중요한 요인이다.

둘째. 밝고 경쾌한 목소리로 말해라.

'솔톤'이라는 말이 있다. 낮고 웅장한 소리보다는 맑고 경쾌한 소리로 상호작용하는 것이 중요하다. 훨씬 친밀감이 느껴지기 때문이다.

셋째. 넘치다 싶을 정도로 과하게 리액션을 해줘라.

아이의 작고 사소한 움직임에도 지나치다 싶을 만큼 리액션을 해주기를 바란다. 그러면 아이는 자신을 좋아한다는 것을 알고 선생님을 신뢰하게 된다.

넷째. 우리 반에서는 우리 반 아이처럼 놀아라. 스킨십을 즐겨라.

아이는 대부분 몸으로 노는 것을 좋아한다. 세 살 반 교사는 세 살처럼 놀아 줘야 하고, 다섯 살 반 교사는 다섯 살이 되어서 아이들과 함께 몸놀이를 즐길 수 있어야 한다. 아이에게는 놀이가 곧 배움이고 세상을 알아 가는 삶 자체이기 때문이다.

다섯째. 바르지 않은 행동이나 안전하지 않은 상황은 확실하게 주의시켜라.

언제 터질지 모르는 시한폭탄과 같은 것이 아이들이다. 오죽했으면 '움직이는 빨간 신호등'이라고 했을까? 자신과 상대방의 안전을 위협하는 상황과 행동은 확실하게 주의시켜야 한다. 그래야 위험으로부터 자신과 상대방을 보호하는 능력을 배우게 된다.

여섯째. 아이들의 사소한 말에도 귀를 기울여라.

아이들도 인정받고 싶어 한다. 자랑하고 싶어 한다. 칭찬받고 싶어 한다. 아이들의 사소한 이야기도 경청해 줘야 하는 이유다. 자신의 말을 잘 들어주는 선생님에게는 어떤 경우라도 아이는 비밀을 만들지 않는다.

일곱째. 절대 엉덩이에 본드를 붙이지 말아라.

어린이집 교사는 외계인이 되어야 한다. 앞뒤로 눈이 달려 있어야 하고, 손은 열 개쯤은 되어야 한다. 그뿐만 아니라 빛의 속도로 이동할 수 있는 능력까지도 요구되는 고난이도 직업군이다. 교사들의 부지런함이 아이들을 웃게 만들고 행복하게 하는 지름길이다.

여덟째. '적자생존'의 삶을 살아라.

어린이집의 일과를 진행하는 교사들은 쉴 새 없이 바쁘다. 어린이집 시계가 제일 빠르다는 농담도 하곤 한다. 간혹 생각지도 못한 일이 벌어지기도 하고, 변수가 생겨 상황을 정리하다 보면 정작 중요한 부분을 놓치게 되는 일도 있다. 그러므로 메모를 습관화해야 한다. 어린이집 교사들의 유니폼이 앞치마인 이유가 여기에 있다. 주머니에 챙겨야 하는 물건이 한두 가지가 아니다. 잊어버릴 것 같으면 즉시 메모하기를 습관화해라. 그러면 실수를 최소한으로 줄일 수 있다.

나는 동료들에게 어린이집 교사는 하늘의 선택을 받은 위대한 사람들이라고 표현한다. 누구나 할 수는 있지만, 결코 아무나 할 수 없는 일이기 때문이다. 이 글을 쓰는 지금 전국의 어린이집 선생님들에게 감사의 찬사를 보내고 싶다.

가정에서도 아이가 좋아하는 부모가 되기 위해 노력해야 한다. 우리는 종종 어른의 잣대로 아이의 잘잘못을 판단한다. 이제 그 위험한 실수를 끝내야 한다. 등원하면서 가끔씩 "어린이집에서 무슨 일 있었나요?", "어린이집에 가기 싫어하네요!"라고 하소연하는 부모가 있다. 그럴 때마다 나는 역으로 되묻고 싶어진다. "어머나! 어머니! 집에서 무슨 일이 있었던 건 아니겠지요?", "왜 그럴까요?"라고 말이다.

우리는 문제의 원인을 자신이 아닌 상대에게서 찾고자 애쓰는 경향이 있다. 가정에서건, 어린이집에서건 아이가 불편해하는 부분을 찾고 해결하려는 노력이 부족했던 이유는 아닐까? 어린이집 교사든, 아이 어머니든 아이가 좋아하는 것과 싫어하는 것을 명확히 파악하고 있어야 한다. 아이의 좋은 점과 문제점을 제대로 알고 있어야 한다. 그래야 아이의 마음을 읽고 진심을 담은 상호작용이 가능하기 때문이다.

아이에 대한 전문가가 되려면 아이가 좋아하는 선생님, 아이가 좋아하는 부모가 되어주어야 한다. 아이의 작은 표현도 놓치지 않고 알아차릴 수 있어야 한다. 우리가 바쁘다는 핑계로 '잠깐만'을 남발하는 사이 아이는 훌쩍 자라서 어른의 손길이 필요하지 않은 순간이 곧 오고야 만다. 지금은 아이가 좋아하는 어른으로 리셋할 때다.

못 기다려주는 병을 이겨내라

어떻게 하면 아이를 행복하게 키울 수 있을까? 이는 모든 부모의 변하지 않는 가장 큰 고민일 것이다. 갈수록 아이 키우기가 힘들다는 말을 한다. 2년 넘게 코로나19가 지속되면서 집콕 육아로 아이와 함께하는 시간이 늘어났다. 이로 인해 육아의 고충을 말하는 부모들이 많아졌다. 의미 있게 더 잘 키우고 싶은 마음이 크기 때문이다.

'2020년 하반기 지역별 고용조사 맞벌이 가구 고용 현황'에 따르면, 배우자가 있는 제주 지역의 15만 8,000가구 가운데 맞벌이 가구는 60.4%인 9만 6,000가구로 전국에서 가장 비중이 높았다.

우리 부부 역시 여느 가정과 마찬가지로 결혼 후 지금껏 일을 놓아본 적이 없는 맞벌이 부부다. 어머니 세대도 아니고, 아이를 낳고 20일 만에 일에 복귀했다면 일 중독이라고 해도 맞겠다. 어느 엄마보다 '빨리빨리'를 외치며 아들 둘을 키우고 있다. 아이가 어린이집을 이용하기 전인, 돌 이전에는 아침 시간을 아끼기 위해 자는 아이를 이불로 둘둘 김밥 말듯 말아 자동차에 태우고는 외갓집으로 갔다. 당시 친정엄마가 안 계셨더라면 이런 나의 전투적인 육아는 꿈도 꾸지 못했을 일이다(어머니! 사랑합니다).

중국에 가면 제일 먼저 배워야 할 말이 '만만디(천천히)'라고 한다. 반면 외국인이 우리나라에 왔을 때 가장 먼저 배우는 말은 '빨리빨리'라고 한다. 중국에 만만디 문화가 있다면 우리나라에는 빨리빨리 문화가 있다고 할 정도다. 우리의 일상을 되돌아보더라도 모든 순간에 빨리빨리를 외쳐대고 있음을 알 수 있다.

횡단보도 앞, 빨강 신호등이 초록 신호등으로 바뀌는 순간을 못 기다리고 움찔거리는 보행자나 차량 운전자를 보게 된다. 이를 봐도 빨리빨리 문화가 우리 몸에 밴 것을 알 수 있다. 모처럼 찾은 코인노래방에서는 어떤가? 가장 좋아한다는 18번 곡을 부르다가도 간주가 흐르는 시간을 기다리지 못하고 점프 버튼을 과감히 누르고 만다. 아이에게는 묻지도 않고 국물에 밥을 말아 떠먹여 주는 바쁜 엄마들도 허다하다(나도 그런 엄마임을 고백한다).

"도대체 왜 이렇게 굼떠?", "그러다 300년 걸리겠다.", "엄마가 못 살아.", "이리 와! 엄마가 해줄게!" 이처럼 기다림을 이기지 못하는 성급함이 결국 화를 자초하고 만다. "야!" 자기에게 다가오는 굵고 짧은 욕 같은 소리에 아이도 부모도 불쾌감을 느낀다. 그리고 짜증을 내거나 울기도 한다. 큰아들이 글자를 쓰고 읽을 줄 알게 되면서 집 안 벽은 낙서로 가득했다. 그중 가장 기억에 남는 낙서가 다음 두 가지다.

"우리 집에 '야'는 살지 않아요!"
"엄마는 화장(화내는 공장)"

짐작은 했겠지만, 생각 없이 엄마 입에서 튀어나왔던 "야!"라는 호칭이 아이가 듣기에도 불편하고 기분이 상했던 것이다. 무슨 말이냐고 물었을 때 "엄마 제 이름은요, ○○○이거든요!"라고 당차게 대답하던 아들의 모습이 선하다.

요새 유행하는 말 줄임 표현인 '엄마는 화내는 공장'이란 낙서를 보고 충격을 받았던 일은 지금도 잊히지 않는 일화다.

부모라면 누구나 자신의 아이를 행복한 아이로 키우고 싶은 바람을 가지고 있다. 많은 육아 전문가들은 이상적인 육아법으로 느리게 키우기를 강조한다. 아이의 속도에 맞춰 기다려주는 육아를 실천하자는 것이다.

하지만 막상 육아라는 현실 앞에서는 천천히 기다려주기가 마음처럼 쉽지 않다. 부모가 동시에 출근해야 하는 맞벌이 가정이라면 상황은 더하다.

가끔 얇은 이불을 두르거나, 사과가 꽂힌 포크와 함께, 신발을 가방 안에 둔 채 등원하는 아이들을 만날 때가 있다. 아이와 손인 사 나누기도 빠듯할 정도로 엄마, 아빠는 부리나케 회사로 떠난다. 아직 잠이 덜 깬 채거나, 아침을 못 먹은 경우, 떼쓰느라 신발 신 는 시간을 놓친 경우가 대부분이다. 최소 10~30분의 여유만 가졌 더라도 아이의 등원 길은 즐거웠을 것이다. 엄마, 아빠의 출근길도 편안하고 당당했을 것이다. 우리는 무엇에 쫓기기라도 하듯 너무 바쁘게 살아간다. 아이를 대하는 데도 마찬가지다. 물론, '나는 절 대 아니야!'라고 하는 부모들께는 죄송한 말이다.

요즘 눈높이 맞춤형 교육이 트렌드가 되었다. 이는 아이들의 개 인차를 인정하고 출발하자는 의미다. 다소 느린 사람도 있고, 빠른 사람도 있다. 아이도 마찬가지다.

손의 힘이 필요한 신발 신기가 아이들의 소근육 발달에 효과가 있다는 것은 누구나 아는 상식이다. 또한, 스스로 신기는 아이들의 자율성을 키워주는 계기가 된다. 스스로 신어볼 수 있도록 기다려 주자.

몇 번의 시행착오를 거치더라도 거꾸로 신은 신발을 고쳐 신을 수 있는 기회를 주자. 그러면 걷기가 불편하거나 넘어지는 느낌을 받는 아이도 서서히 바로 신기를 연습하게 된다. 마침내 제대로 신게 되었을 때 아이에게는 스스로 해냈다는 성취감과 자신감이 생긴다. 어떤 어려움도 이겨낼 수 있는 용기를 마음 가득 안게 된다.

두 살 터울의 아들 둘은 내가 낳은 게 맞나 싶을 정도로 성향과 기질이 다르다. 큰아이는 '천천히'가 몸에 밴 선비 같다. 반면 작은아들은 동에 번쩍 서에 번쩍, 꼭 변화무쌍한 카멜레온을 닮았다. 큰아이는 15개월이 지나도 걸음마를 시작하지 않아 걱정이 컸다. 걸음마를 배울 때만 신어볼 수 있는 (일명 삑삑이) 신발은 신어보지도 못하고 두 돌을 맞았다. 반면 작은아이는 돌 전에 성큼성큼 완벽하게 걷기를 익혔다. 큰아이는 차분히 앉아 그림책을 보거나, 조작놀이를 즐겼다. 형과는 다르게 작은아들은 몸으로 노는 걸 훨씬 좋아했다. 둘 중 누가 낫냐고 물으면 대답하기 어렵다. 큰아이는 느린 대로 아이에게 집중하는 육아가 가능했고, 작은아이는 또 빠른 성장으로 키우는 재미를 느끼게 했다.

'빨리빨리'는 어른의 생각대로 아이가 따라와 주지 못할 때 습관처럼 뱉게 되는 말이다. 어른의 기준으로 아이를 바라보는 성급한 마음이 원인이다. 부모와 아이는 최소 20년 이상 차이가 나는 관계라는 걸 왜 자꾸 잊어버리게 되는 걸까?

발달 과정에서 그 시기에 반드시 배우고 성취해야 할 일을 '발달 과업'이라고 한다. 아이 연령에 맞게 할 수 있는 것과 힘든 것, 반드시 도움이 필요한 것 등으로 범위를 정해보자. 그렇게 기다림의 원칙을 만드는 것도 하나의 방법이다. 아이가 스스로 할 수 있다면 내일 지구가 멸망한다고 해도 아이를 믿고 기다려줘야 한다. 아이는 어른이 생각하는 것보다 훨씬 유능하다는 사실을 기억해야 한다.

부모나 교사가 대신해줬을 경우 결과는 빨리 얻어낼 수 있다. 하지만 아이는 목표를 향해 가려는 노력도, 도전도 하지 않게 된다. 실패를 극복하려는 의지도 배울 수 없게 된다. 자신의 아이가 엄마가 해주기만을 바라는, 엄마가 없으면 아무것도 할 수 없는 아이라고 생각해보자. 너무 슬픈 일이다. 언제까지 아이 곁에서 대신해줄 자신이 없으면 기다려주기를 실천하자. 기다려주기는 어른들의 인내와 노력이 요구되는 중요한 기술이다. 결과만 있는 삶은 무의미하다. 결과를 향해 나아가는 과정이 곧 행복한 삶이다.

아이는 어른이 생각하는 것처럼 빠르게 이해하거나 쉽게 일 처리가 되지 않는다는 것을 기억하자. 할 수 있을 때까지, 익숙해질 때까지 100번이건, 1,000번이라도 꾸준히 반복해서 가르쳐주고 기다려줘야 하는 대상임을 명심해야 한다.

아이의 발달 과정은 골인 지점만을 목표로 달리는 달리기 경주가 아니다. 이제 '빨리빨리'는 올림픽 응원 구호로만 사용되길 바란다. 우리는 모두 아이의 행복한 삶을 목표로 하는 어른이기 때문이다.

눈높이와 마음 높이를 맞춰라

눈높이, 마음 높이를 맞추는 부모가 얼마나 될까?

많은 부모교육 전문가들은 눈높이 교육이 답이라고 한다. 눈의 위치적인 높고 낮음을 의미하는 것이 아님을 우리는 너무나 잘 알고 있다. 눈높이 교육은 차이를 인정하고 아이가 생각하는 수준으로 맞추는 것을 말한다. 스스로 생각하고 공부하는 자기주도 학습 습관을 길러주는 것을 목표로 한다. 나는 여기에서 '스스로'에 주목하고 싶다.

책 읽기를 좋아하던 친구 P가 결혼을 하고 아이를 키울 때의 일이다. P의 아들은 다섯 살이 채 되기 전부터 한글을 줄줄 읽었다. 우리는 P에게 훌륭한 엄마라는 칭찬을 해댔다. P도 만족스러워했고 아이도 무탈하게 잘 자랐다. P의 집은 사방이 책장이었고 수많은 책으로 가득했다. 책 읽기를 좋아한다는 이유로 아이에게 끝없이 책 읽기를 요구했다. 그런데 중학교를 마쳐갈 무렵 P의 아들이 심한 사춘기를 앓았다. 성격이 거칠어지고 엄마와는 대화를 끊을 정도였다. 분노와 스트레스 표현이 부정적으로 나타나기 시작했다. P도 친구인 나도 '그러다 말겠지' 생각했다. P의 아들이 대학에 입학하기 전 내가 사는 제주도로 배낭여행을 온 적이 있다. 저녁을 함께 먹으면서 옛날이야기에 푹 빠졌다. 놀랍게도 엄마인 P에 대한 이야기를 꺼내더니 쉬지 않고 계속 해댔다. 거의 고발 수준이었다.

"책 읽고 바닥에 있으면 난리가 났어요!"

"책 제목이 거꾸로 꽂혀 있는 건 용납이 안 돼요!"

"서른 권이 넘는 시리즈를 엄마가 정해준 목표일까지 읽어야 했어요."

어렸을 때는 엄마가 좋아하는 일을 하면 되는 줄 알았다고 했다. 하지만 커가면서 그게 아니란 걸 알게 되었다고 했다. 하기 싫었고 안 하게 되었다고 했다. 심지어 엄마가 하라는 건 일부러라도 안 하고 싶더라는 말도 했다. 나는 정말 조심스럽게 "엄마를 이해해주면 안 되겠니?"라고 겨우 한마디 했다.

P의 아들은 성인이 된 지금도 마음의 병을 앓고 있는 중이다. 물

론 엄마인 P와도 마음을 풀지 못한 상태다. 안타깝고 속상한 일이다. 친구 P는 너무 가난해서 읽고 싶었던 책을 마음대로 못 읽어본 것이 평생 한이 된다고 했다. 친구의 마음이 느껴져서 더 무거웠다. 감히 "네 생각이 잘못됐다"라고 말할 수 없었다.

친구의 아들에 대한 사랑이 아들에게는 버거웠을 것이다. 친구 P와 아들에게도 눈 녹는 봄이 분명히 오리라 믿는다. 사랑의 표현에도 여러 가지 방법이 있다. 하지만 일방적이지 않아야 한다. 사랑은 눈높이와 마음 높이를 맞추고 마주보는 것이다.

어린이집을 운영하다 보면 별의별 일을 경험하게 된다. 대부분 입소하는 아이와 관계된 일이다. 재미있는 일은 아이를 보면 부모를 알게 된다는 말을 실감하게 되는 일이다. ○○이가 어린이집에 등원하고 얼마 없어 엄마가 다급하게 전화를 걸었다. 출근을 하려고 하는데 자동차 키가 없다는 것이다. 혹시 ○○이 가방에 들어있는 건 아닌지 확인해달라고 했다. 엄마가 찾고 있는 자동차 키는 없었다. 나는 다섯 살이 된 ○○이를 불러 차근차근 물었다. 성격 급한 엄마가 곧 다시 전화를 해올 것이 분명했기 때문이다. 엄마하고 소꿉놀이를 했단다. 바쁜 엄마는 저녁을 준비하면서 한 손으론 전화를 받고 있었고 입으로는 ○○이와 놀아줘야 하는 육아전쟁이 한창이었다.

엄마 손에 있던 자동차 키는 바닥으로 떨어졌고 소꿉놀이를 하면서 아이스크림을 만들어 먹었다. 바쁜 엄마는 아이스크림 용기에 우유를 넣어 냉동실에 넣었고 그 때 자동차 키도 함께 냉동실로 들어갔다는 거다. OO이의 제보가 분명하다면 냉동실에서 꽁꽁 얼어 있는 자동차 키를 발견할 수 있겠다. 내가 먼저 전화를 걸었다. "어머니! 키 찾으셨어요?" 엄마는 이미 화가 머리끝까지 나 있는 상태였다. 그 화살이 아이에게 날아올 찰라였다. "냉동실에 넣으셨대요!" 허둥대는 엄마 모습이 전화기 밖으로도 느껴졌다. "OO이가 자동차 키도 아이스크림 되겠다고 말씀드렸다는데요?" OO이 엄마는 그제서야 심호흡을 하며 허둥지둥 전화를 끊었다. 나는 OO이를 안아주면서 엄마하고 놀이할 때 마음이 어떠냐고 물었다. 엄마는 놀이 중에도 빨리 놀라고 한다. 정리하면서 놀라고 한다.

엄마는 휴대폰을 하면서 OO이는 유튜브를 못하게 한다. 나는 다시 물었다. "엄마하고 노는 게 재미있어?"라고 말이다. OO이는 세차게 머리를 가로저으며 재미없다고 대답했다. 내가 봐도 재미없을 게 뻔했다. 아이의 놀이는 재미있어야 한다. 놀이를 마치고 나면 마음이 풍요로워져야 한다. 놀이의 순간에 빠져서 몰입할 수 있어야 한다. 엄마와 노는 동안 OO이가 정말 재미없었겠다는 생각이 들었다. OO이 엄마는 엄마 방식대로 놀이를 주도하고 결정하면서 시간을 보내고 말았다. 결국 재미없는 아이스크림 만들기로 놀이는 끝이 난 셈이다.

아이와 공감하는 일은 어느 날 갑자기 되는 일은 아니다. 꾸준히 아이의 생활을 살피고 아이를 제대로 알아가려고 노력하는 것에서부터 출발한다. 아이와 함께 하는 이 시간을 가장 행복한 시간으로 만들어주고 싶다면 아이의 마음을 읽는 연습부터 시작하자. 성인의 잣대가 아닌 아이의 마음과 같은 높이에서 함께 보고 함께 생각하고 함께 나누기를 실천하자.

부모가 아이의 감정을 헤아리는 것이 중요하다는 것은 누구나 알고 있다. 우리의 뇌 속에는 다른 사람의 감정을 공감하는 거울신경세포라는 것이 있다. 이 거울신경세포는 유아 초기에 얼마만큼 활성화되느냐에 따라서 대인관계, 사회성, 자존감 형성 등에 영향을 미친다. 아기들이 옆에서 울고 있는 아기를 보면 따라 울게 되는 경우도 거울신경세포가 반응하는 것이다. 이는 특히 쌍생아에게서 쉽게 발견할 수 있다. 한 아이가 울면 따라 울게 되고, 한 아이가 아프면 신기하게 꼭 함께 아픈 경우가 많다. 이러한 거울신경세포의 발달은 영유아기의 주양육자인 부모의 역할이 가장 중요하다. 아이의 감정을 나쁘다, 좋다가 아닌 있는 그대로 받아들여주는 것 자체가 공감능력이다. 공감능력이 발달된 아이는 관계가 좋아질 수밖에 없다.

얼이는 천 기저귀를 둘둘 말아서 가지고 등원한다. 낮잠 시간에 이불 외에 함께 데리고 자야 하는 일명 애착물건이다. 얼이 엄마는 가끔씩 귀찮은 표정을 하며 애착물건에 대해 버리고 싶다는 등의 안 좋은 이야기를 할 때도 있다. 이런 날이면 얼이는 평소 놀이할 때는 잊고 지내던 것을 집착하는 모습을 볼 수 있다. 얼이의 마음이 불안하다는 증거다. 이럴 경우 놓치지말고 더 따뜻하게 대해줘야 한다. 사실 얼이 엄마도 말처럼 쉽게 버리지 못할 게 뻔하다. 왜냐 하면 달라고 떼를 쓰며 울고 보채기 때문이다. 이왕 기다려주고 다시 줄 거라면 이토록 아이에게 괴로운 시간을 줄 필요가 있을까?

어차피 애착물건과는 이별하게 되어있다. 아이들은 생후 1년까지 오감 발달이 활발하게 이뤄진다. 그중에서도 촉각의 발달이 가장 두드러진다. 입으로 느끼는 촉각에서 시작해 온몸으로 감각을 느끼게 된다. 그중에 자기 자신에게 가장 심리적인 안정감을 주는 것에 느낌을 기억에 저장하게 된다. 얼이에게는 신생아 시절 사용했던 천 기저귀의 촉감이 바로 그것이다. 상상만해도 푸근해지는 느낌이 전달되는 듯하다.

아이는 점점 자라나면서 가정이 아닌 어린이집이나 유치원 학교 등으로 환경이 바뀌게 된다. 이 시기에 마음의 안정을 찾아주는 중간 대상이 필요한 경우가 더러 있는데 애착물건이 여기에 해당한다. 나는 얼이 엄마께 "버리긴 왜 버려요? 가보로 물려주세요!"라고 농담을 던졌다. 얼이가 신생아 때는 천 기저귀를 사용할만큼 정성을 쏟아 양육했다는 뜻이기 때문이다. 얼이 또한 따뜻한 기억을 느끼고 싶은 것이다. 애착물건에 대해 버린다거나, 더럽다는 등 하며 화를 내는 반응을 하게 되면 아이는 잃어버릴지도 모른다는 불안감을 느끼게 된다. 자신의 행동이 나쁜 것이라는 생각을 가지게 된다. 그러면서 지나치게 집착하는 경향을 보이게 되는 것이다. 집착 물건이 아닌, 애착물건으로 자연스럽게 이별할 수 있도록 시간을 주는 것이 중요하다. 아이와 함께 애착물건에 대한 추억을 공유하며 아이의 마음과 함께하는 것이 바람직하다. 아이의 모든 문제는 부모의 공감 능력과 태도에 따라 해결할 수도 있고 문제가 될 수도 있다. 아이가 변화되기를 바란다면 아이와 눈높이와 마음 높이를 맞추며 함께 성장하는 부모가 되어야 한다.

육아는 사육이 아니다

어린이집의 3월은 전쟁에 비유되는 경우가 많다. 아이의 생활에 엄청난 변화가 일어나기 때문이다. 생활환경이 가정에서 어린이집이란 세상으로 바뀐다. 부모에서 교사로 관계가 확대된다. 주양육자와 처음 헤어지는 이별도 경험하게 된다. 아이가 불안함을 느끼는 것은 당연하다. 적응의 1차 관문은 주양육자와 헤어지는 경험이다.

애착이론을 창시한 영국의 정신분석학자 존 볼비(John Bowlby)는 '애착'이란 부모−자녀 관계처럼 '가까운 사람과 지속되는 정서적 유대관계'라고 말했다.

자신을 돌봐주는 주양육자와 애착 관계를 형성하면서 자신을 보호하고 안정감을 느끼며 성장해간다. 애착에는 안정애착과 불안정애착으로 구분된다. 용어에서도 느껴지듯이 안정애착은 아이가 보내는 신호와 욕구에 신속하고 적절하게 반응해주는 것이 필요하다. 내가 동료교사에게 쉴새 없이 강조하는 말이 '민감한 반응'이다. 아이들이 필요하다고 느낄 때 눈길 주는 교사, 말해주고 안아주는 교사가 되자고 말한다. 그렇게 되면 아이는 교사에게 마음을 열고 교사를 신뢰하게 된다. 안정적인 애착 관계가 형성되는 것이다. 가끔 '어린이집이 더 좋아요!'라는 말을 하는 것은 선생님의 민감한 반응에 대만족한다는 뜻이다.

어린이집에서는 보통 입소 후 1주~2주일을 적응기간으로 지낸다. 이 시기는 잠자리에 누워도 울음소리가 들릴 만큼 우는 아이와 달래는 어른과의 전쟁이 벌어진다. 아이마다 다르지만 보통 2주 이내로 대부분 적응해내는 것을 볼 수 있다. 주양육자와 어떤 애착관계가 형성되었는지에 따라 아이의 적응 정도가 다르다. 주양육자와 안정적인 애착을 이룬 경우 비교적 쉽게 헤어지기를 시도한다. 새로운 것에 대한 호기심도 적절하고 대체로 편안하게 적응해가는 것을 볼 수 있다.

반면 불안정애착이라고 보여지는 경우는 어린이집 현관에 들어오는 것 자체를 싫어한다. 소리를 지르거나 숨이 넘어갈 듯이 우는 경우도 있다. 물론 엄마인 양육자와 함께 있어도 마찬가지다. 그렇다면 양육자의 양육태도를 점검해봐야 한다. 아이가 함께 있어도 불안하고 불편한 감정을 갖는 이유에 대해서 고민해야 한다. 단언컨대 적절한 반응이 부족했을 것이다. 일관적이지 않은 반응으로 아이가 신뢰하지 못했을 것이다.

예를 들면 할머니집에 맡기면서 "금방 올게!" 하면서 떠나는 경우이다. 아이는 울다 지쳐 잠이들었다. 잠에서 깬 이후에도 엄마가 보이지 않는다면 아이는 극도로 불안감을 느낀다. 그 후로는 무슨 일이 있어도 엄마와는 떨어지지 않아야겠다는 강한 목표가 생긴다. 수단과 방법을 가리지 않게 된다.

'우리 아이가 좀 까다로워요'라며 자신의 아이를 평가하는 부모 중에서 까다롭지 않은 부모는 거의 없다. 부모 자신이 까다로운 아이를 만들고 있지는 않은지 양육 태도를 돌아보는 자세가 필요하다.

지금은 대학생이 된 제자가 있다. 일명 마마보이다. 우유를 어디에 따라서 마셔야 하는지까지 엄마에게 전화를 걸어 물을 정도니 말해 무엇하랴. 한 해는 사상 초유의 더위로 한반도를 달궈댄다는 여름이었다. 제자가 고등학생일 때다. 엄마가 전화를 걸어 고등학생 아들에게 하는 말이 가관도 아니다.

"양쪽으로 창문 열면 바람 들어오니까 창문 열어."

"얼음은 넣지 말고 물 마셔."

"선풍기는 2단으로만 틀어놔."

"다섯 시 전에 간식 먹어."

듣고 있던 내가 숨이 다 막혔다. 혹시 누가 집에 와 있냐고 물었다. 아니란다. 고등학생 아들에게 하는 말이라는 것이다. 나는 한동안 그 엄마의 행동에 입을 다물지 못하고 있었다.

더 중요한 것은 수시로 아들의 행동을 체크한다는 것이다. 나는 그 엄마에게 숨 막힐 것 같다고, 이제 곧 성인인데 뭐 하는 짓이냐고 나무랐던 기억이 있다.

엄마의 대답이 더 당황스러웠다. 이러지 않으면 문도 열지 않고 물도 마시지 않을뿐더러 땀을 흘리면서도 그대로 있다는 것이다. 뭐가 잘못되어도 한참 잘못되었다는 생각이 들었다. 나는 엄마에게 알아서 할 수 있게 그냥 두라고 말했다. 기회를 주지 않는 엄마의 잘못이 가장 크다고 덧붙이면서.

그 엄마 역시 너무나 잘 알고 있다고 했다. 하지만 지켜보고 있으면 답답하고, 속상하다고 했다. 감히 그들의 삶을 평가할 수는 없다. 하지만 부모는 어떤 경우이건 자식과 헤어지게 마련이다. 자식이 단단하게 성장하고 자신의 삶을 지켜낼 수 있도록 기초를 만들어주는 것은 주양육자의 몫이다. 영원히 엄마 자리에 있어줄 수 없다는 것을 깨달아야 하지 않을까?

    코로나19는 우리 가족에게도 많은 경험을 하게 했다. 지난해 6월 태권도장에 다녀온 아들이 밀접접촉자라는 소식을 들었다. PCR 검사를 진행해서 결과 판정 시까지 자가격리를 하라는 것이다. 결과는 하루 뒤에 나온다. 제발 음성이기를 바라며 결과를 기다렸다. 결과는 양성이었다. 당연히 가족 모두 밀접접촉자가 되었고 PCR 검사가 이어졌다. 초조하고 불안한 마음으로 허둥대고 있는데 보건 당국에서 전화가 왔다. 확진자를 병원으로 이송하겠다는 것이었다. 절차에 대한 특별한 안내도 없었다. 급하게 양치 도구와 속옷 몇 가지를 가방에 챙겨 넣었다. 가져간 물건은 추후 폐기 처분된다는 말을 들은 터라 어떤 것을 어느 만큼 챙겨줘야 할지도 막막했다. 밤 10시쯤 구급차가 집 앞에 도착했다. 아이는 입은 옷 그대로 가방 하나를 달랑 메고 구급차에 실려 어디론가 떠났다. 사이렌을 울리며 돌아가는 구급차를 뒤로 하고 맥없이 손만 몇 번 흔들어줬다.

    아이는 코로나19 확진자가 되어 병원에서 격리 중이었고 남은 가족은 각자 방에서 자가격리가 시작됐다. 고립된다는 게 이런 거구나 싶을 만큼 더운 여름이 춥게 느껴졌다. 하루가 1년처럼 더디 지났다. 아들과는 영상통화로 안부를 물을 수 있었다. 다행히 특별한 증상이 발견되지는 않은 채 10일을 격리 후 무사히 퇴원했다. 부쩍 수척해진 모습으로 퇴원한 날 마스크 너머로 나는 아들에게 물었다. "무서웠지?" 덤덤하게 아들이 대답했다. "저 때문에 엄마나 아빠, 형이 혹시 확진되면 어쩌나 그게 더 걱정됐어요!" 잘 키운 아들 하나 열 딸 안 부러웠다. 혼자서 2주간을 격리되어 지내면서 두렵고 공포스러운 순간이 왜 없었을까? 무증상으로 2주 만에 돌아온 아들을 나는 가만히 안아주었다. 아무 말도 필요가 없었다. 언제 이렇게 자랐나 싶었다. 아이를 믿고 지켜봐주는 일이 자녀를 잘 키우고 싶은 부모의 숙제인 것만은 분명하다.

앞서 나는 부모와의 애착에 관한 이야기를 했다. 애착이라는 개념을 처음 제안한 존 볼비(John Bowlby)는 초기 애착의 중요함을 강조했다. 생후 3개월까지가 골든타임이고 이후 1년까지도 역시 중요하며 이어서 3년까지를 애착 형성의 기간으로 보았다.

인생에서 생후 3년이 사회정서 발달의 민감한 시기라고 한다. 그 이유는 영유아기 애착형성이 전 생애에 걸쳐 인간관계와 성격을 형성하는데 중요한 요인으로 작용하기 때문이다.

주양육자와 안정애착이 형성된 아이는 다른 사람과의 관계에서도 자신이 경험한 성인처럼 그들이 자신을 지지해주고 믿어줄 거라고 생각하게 된다. 그러므로 매사에 타인을 신뢰하고 당당하게 성장해간다. 즉 자아존중감이 높은 성숙한 인간관계를 유지할 수 있다는 것이다. 반대로 불안정애착이 형성될 경우 자아존중감이 낮기 때문에 불안감이 높고 쉽게 상처를 받게 된다. 부정적인 부분에 초점을 맞추고 비관적으로 해석하는 경향이 나타나기도 한다.

아이와 부모 간 애착을 형성하고 있는지 스스로를 점검해볼 필요가 있다. 아이를 자주 안아주고 신체적 접촉은 애착형성의 가장 기초가 되는 방법이다. 아이가 어려서 아무것도 모른다고 생각하지 말고 아이와 눈높이를 맞추고 대화를 해야 한다. 아이가 스스로가 사랑받고 있다는 것을 느낄 수 있도록 끊임없이 표현해야 한다. 아이의 사소한 질문과 행동에 민감하게 반응해야 한다. 감정은 무지개색처럼 다양해서 수시로 변한다. 아이가 감정을 적절하게 표현하며 자신이 사랑받고 있다는 것을 알아야 한다. 자존감이 높다는 것은 자신 스스로가 자신을 사랑하는 영예로운 일이다. 문제 상황이나 갈등이 생겨도 긍정적으로 대응하는 능력이 키워진다.

부모와 자식이라는 특수한 관계에 있는 우리라면 스스로에게 질문하고 점검해보는 시간을 가져보자. 내 아이와의 애착관계는 어떤지, 아이는 어떤 마음인지, 타협하고 조율이 가능한 열린 마음으로 지내고 있는지를 말이다. 아이의 입장에서 되돌아봐야 할 시점이다.

육아는 사육이 아니다.

아이와의 첫 만남을 기억해라

"심장에 무리가 올 수 있습니다. 수술 준비하겠습니다!"

큰아이 출산을 앞두고 의사가 한 말이다. 심장에 무리가 올 수 있다는 의사의 소견에 남편과 나는 한 치의 망설임도 없이 수술을 결심했다. 나는 서른일곱에 첫 아이를 낳았다. 노산이었다(지금은 더 늦은 경우도 있음을 안다). 자연분만이 목표였다. 아이한테도 산모한테도 좋다는 말에 열두 시간 진통을 견디다 결국 수술대에 올랐다.

'부모가 되어봐야 부모 마음을 안다'고 했다. '금이야, 옥이야'는 못해 줬어도 나름 부모 노릇하며 열심히 키우고 있다.

나는 요새 큰아이와 자주 부딪친다. 사춘기 대 갱년기의 기싸움이라고 해도 되겠다. 한마디를 하면 꼬박꼬박 이유를 들어가며 두, 세 마디는 기본으로 한다. 버럭 하고 싶다가도 '그래! 교양있는 엄마가 되자'라고 스스로 최면을 걸어본다. 거의 최면에 실패하는 날이 많다. 심호흡을 몇 번 해도 마음이 가라앉지 않을 때가 있다. 그러면 나는 소심하게 한마디 뱉는다. "내가 말이지 너를 죽을 동 살동 해서 나은 엄마거든! 효도는 못할 망정!"

어느 책에서 읽은 구절이다. '하나님이 인간에게 주신 가장 큰 축복은 만남이다'.

'그래 그렇지!' 하면서 읽었던 기억이 난다. 그중 가족을 이루는 만남이야말로 가장 의미있고 축복된 만남이라고 하겠다. 큰아이는 출생 시 2.4kg의 적은 몸무게로 태어났다. 먹는 것도 부실해서 자라는 동안 걱정이 꽤나 많았다. 심지어 산모들의 로망이라는 초유마저 거부한 인물이다.

늦은 결혼에 2년만에 아이가 생겼으니 초보 부모의 호들갑이 말도 못했다. 엄마가 어린이집 선생이라고는 하지만 내 아이를 키우는 것은 업무와는 또 달라서 왕초보 엄마인 게 티가 났다. 삶 자체가 아이의 리듬에 맞춰 바뀌어갔다. 신기하고 재미있었다. 남편은 백일이 넘도록 아기를 떨어뜨릴까 겁이 난다며 선뜻 안지도 못하는 겁쟁이였다.

육아를 피하는 편법 아니냐며 쓴소리를 건넨 적도 있다. 나는 큰아이가 돌이 지나도록 육아일기를 썼다. 아이가 자란 후에 의미 있는 선물이 되기를 바라면서 말이다. 아이의 모든 순간들이 기쁨이

고 신기함이었다. 일기장은 아이와의 축복된 만남에 감사한 내용들
로 채워졌다.

'2006년 8월 4일 금요일

아침에 일어나면 보조개를 보여주며 밝게 웃어주는 착한 아들! 벌써 걷
고 싶은지 안아주면 양발에 힘을 가득 싣고 한발짝씩 움직여도 본다. 참 대
단한 아들!

평소 체온이 높은 편이라 이마에 난 뾰루지들도 열 때문이지 싶다. 녹차
물로 맛사지를 해줄까? 할머니가 매일 쑥물로 목욕을 시켜주셔서 늘 뽀송거
리지만...

네 복이기도 하지만 엄마 아빠의 복이기도 하다. 밤엔 엄마도 잠이 쏟아
져 자다보면 너는 벌써 일어나 꼬물거리며 놀고 있기도 한다. 하루 하루 적
응을 잘 해줘서 너무 고맙다. 너의 모든 순간이 사랑이고 기쁨이다. 엄마 아
빠의 피로회복제가 되어준단다. 사랑한다. 건강하게만 자라다오.'

큰아이가 태어나고 두 달이 지난 날의 일기다. 나는 이번 책을
쓰면서 책장 귀퉁이에 꽂혀있던 일기장을 꺼내 읽어봤다. 수필집을
읽듯 눈을 떼지 못하고 빠져들게 되었다. 아이가 하루하루 달라져
가는 모습들로 빼곡하게 채워져 있었기 때문이다. 아이의 어릴 적
모습들이 그려졌다. 그리고는 문득 나는 이런 생각을 했다. 버럭
하고 싶은 순간이 오면 아이와의 첫 만남을 떠올리자고 말이다. 아

이로 인해 기쁘고 행복했던 순간에 나의 생각을 머물게 하자고 말이다. 그날의 사랑스러웠던 마음으로 아이를 대해보자고 말이다. 잘 안될 거라는 걸 알지만 삶은 행동의 습관이라고 했다.

모든 부모가 아이를 잘 키우고 싶어한다. 그렇다면 '잘'의 의미를 고민해볼 필요가 있다. 대부분의 부모는 '잘'에 똑똑하고 착하고 바르고 인기까지 있는 아이였으면 좋겠다는 생각을 가지게 되는 경우가 많다. 힘들 거라는 걸 알면서도 목표를 세운다. 아이를 잘 키우기 위해서는 부모 자신만의 기준을 세워야 한다. 잘 자란다는 것은 머리와 가슴이 함께 자라는 인지와 정서의 균형 발달을 의미한다. 앞서 나는 발달 과정에서 연령대에 이뤄내야 할 발달과업에 대해 말했다. 착하고 바르지만 그 시기에 습득해야 할 것들을 해내지 못하는 아이라면 부모는 혼란스러워진다. 부모 스스로를 자책하게 되고 아이에게는 다그치게 된다. 아이의 노력 여하에는 상관없이 부모의 욕심만을 강요하게 된다. 아이는 머리도 가슴도 과부하에 시달리게 되고 만다.

네 살 ○○이는 블록놀이가 세상에서 제일 재미있다. ○○이 엄마는 하루라도 빨리 한글을 익히고 글자를 쓸 수 있는 아들로 키우는게 목표였다. 허구헌날 블록만 가지고 노는 아이가 탐탁치 않았다. "어머니! 노는 게 배우는 거예요"라는 선생님의 말은 허공으로 던져버렸다.

마침내 천재로 만들어준다는 유명 학습지를 시작했다. 일주일에
3번 방문교사가 집을 찾아와 15분씩 아이와 함께 시간을 보내는 방
식이다. 처음 며칠은 재미있어했다.

딱지를 떼어내 붙이기도 하고 활동이 끝나면 선생님이 달콤한
사탕도 선물로 주셨다. ○○이도 잘 적응하는 것 같아 다행이다 여
기고 있었다. 그러나 2주 차부터 앉아있기를 힘들어했다. 학습지를
구기거나 구석으로 던져버리기도 했다. 선생님의 사탕은 효과가 없
어졌다. 심지어 싫은 감정을 소리 지르는 것으로 표현하기 시작했
다. 겨우 한 달을 어렵게 마치고 학습지 공부는 정리하게 되었다.

○○이 경우를 접하면서 나는 앞으로 공부하는 시간이 더 힘들
어지겠구나 염려스러웠다. 학습이란 것에 대한 거부감이 짙게 자리
잡았을 게 뻔했다. 앞으로 책상에 앉아서 책을 보고 학습해야 하는
긴 여정을 앞두고 있다. 나는 너무 이르게 시작하는 학습활동은 추
천하지 않는다. 대신 놀면서 배우자고는 강조한다. ○○이는 좋아
하는 블록으로 탑쌓기를 즐기며 숫자를 배웠다. 높고 낮음을 이
해하기 시작했다. 어느 날 선생님이 준비해준 한글 블록은 신의 한
수였다. 그림으로 알고 있던 자기의 이름을 블록으로 연결해 완성
시키는 모습을 보여줬다. 나는 ○○이의 놀이 모습을 동영상으로
남겨 엄마에게 전송해드렸다.

"어머니! ○○이가 자기 이름을 완성했네요!"라고 말이다. 하트

가 수도 없이 붙은 답장이 날아왔다. 부모는 아이가 궁금해하고 알고 싶어하는 순간을 놓치지 않으면 된다. 놀이와 학습이 하나가 되는 순간을 말이다.

안정된 정서를 기반으로 배움이 본격적으로 이루어져야 한다. 아이는 보통 놀이는 쉽고 공부는 어렵다는 생각을 하기 때문이다. 아이가 궁금해하는 순간에 적절한 자극을 주는 것이 최고의 육아다. 공부와 놀이가 하나가 될 때 아이는 계속 알고싶어 한다. 더 확장해서 배우고 싶은 호기심과 욕구가 생긴다. 배경 지식이 쌓이면서 놀면서도 공부를 하게 된다.

세계 최고 소프트웨어 회사 중 하나인 애플의 창립자인 스티브 잡스(Steve Jobs)는 단순히 성공한 기업인을 넘어 21세기 혁신의 아이콘이라고 불리고 있다. 그는 2005년 6월에 열린 스탠포드 대학의 졸업식에서 다음과 같이 연설했다.

"여러분들의 일은 인생에서 큰 부분을 차지하게 될 것이고, 진정 만족하는 일을 하는 유일한 방법은 스스로 하는 일이 훌륭한 일이라고 믿는 것이다. 그리고 그 훌륭한 일을 하는 유일한 방법은 당신이 하는 일을 사랑하는 것이다. 만약 아직 찾지 못했다면 계속 찾아라. 안주하지 마라. 진심을 다하면 그때는 찾을 것이다."

우리 아이가 미래에 어떤 모습으로 살게 될지는 잘 모른다. 다만 자신이 좋아하는 일을 하면서 행복하게 살기를 모든 부모는 원한다. 행복한 일이 훌륭한 일이 되게 하는 것은 부모의 강요가 아닌 순간적인 자극만으로도 가능한 일이다. 아이와 처음 만났을 때의 짜릿하고 행복했던 순간을 기억하자. 그 행복의 중심에 아이가 있었음을 말이다. 지금 아이가 하는 서툰 손짓과 발짓이 아이의 미래로 이어지는 긴 여정에서의 점들임을 잊지 말자.

2장

아이와 가까워지는
부모의 말투는
따로 있다

무심코 주는 상처가 습관이 된다

나는 TV를 즐겨보지 않는 편이다. 그렇다고 특별하게 독서를 하거나 자기계발을 하면서 시간을 보내는 것도 아니다. 그런데 요새 본방을 사수하는 TV프로그램이 생겼다. 음반을 한 번이라도 낸 경험이 있는 무명가수들을 위한 오디션 프로그램이다. 시즌1에서 참가자들을 응원하며 열심히 시청했는데 종영되어 아쉬웠다. 다시 시작된 시즌2도 너무 재미있게 보고 있다. 참가자들은 이름을 밝히지 않고 부여된 번호로 오디션에 참가하고 경선에서 탈락해야 본명이 공개된다. 참가자 모두 특색있는 음색과 퍼포먼스를 보여주면서 언제 두 시간이 지났나 싶을 정도로 흥미롭게 시청하는 프로그램이 되었다.

갓 스물이 넘은 앳된 참가자가 부르는 노래에 푹 빠졌다. 순서가 끝나고 응원의 박수를 보내면서 나도 모르게 "어머, 저런 자식 있으면 너무 좋겠다"라고 말해버렸다. 작은아이와 함께 보고 있었고 작은아이는 날카롭게 나를 쳐다봤다. 순간 실수했다는 것을 직감했다. "아니야! 그냥"이라고 말했지만 이미 늦었다. 아이의 자존심에 상처가 났겠다 싶었다. 서둘러 수습해보지만 몇 분 전으로 돌려놓기는 쉽지 않은 일이다. 아무 생각 없이 무심코 던진 말이 아이에게는 오랫동안 좋지 않은 기억으로 남을 수도 있겠다는 생각이 들었다. 괜히 내일 등교 핑계를 대며 보던 TV를 끄는 것으로 상황을 마무리했다. 아이에게 엄청 미안해졌다.

대한민국 역사상 최고의 MMA 선수로 불리고 있는 코리아 좀비 정찬성을 기억할 것이다. 정찬성 선수가 벌이는 타이틀 매치를 보고 난 후부터일까? 중학생인 작은아이는 어느 날부터 MMA 챔피언이 되는 꿈을 가지게 되었다. 그러다 말겠지 했는데 학교 운동부에 들어가서 운동을 시작했다. 체육관을 등록해 킥복싱과 주짓수를 배우기 시작했다. 힘들지 않겠냐고 만류도 해봤지만 차근차근 준비하고 있다는 게 작은아이의 대답이었다. 엄마보다 훨씬 낫다는 생각을 하며 우선은 응원해주기로 했다.

작은아이의 꿈의 유효기간이 언제까지가 될지는 모르지만, 설령 그 꿈을 이루지 못하게 되더라도 지금은 '응원을 해야지'라고 마음먹으니 훨씬 편안해졌다. 그날부터 나는 "다치지 않게 조심해!", "잘 먹어", "애썼다"를 자주 말해주는 엄마로 살아보려고 노력하고 있다.

어느 날 실버타운에 관한 기사를 보고 있던 나에게 아이가 대뜸 말했다. 편의시설을 모두 갖춘 대규모 실버타운은 노후에 그런 곳에서 살고 싶다고 꿈꾸기에 충분했다.

"엄마! 조금만 기다리세요! 호텔 같은 집에서 살게 해드릴게요!" MMA 챔피언이 되겠다는 포부를 한 번 더 보여주는 것 같았다. "경기 보러올 준비나 하세요!"라고 말하는 것이다.

나는 또 얼른 되받아쳤다. "어떻게 아들이 맞고 번 돈을 쓸 수 있냐?"라고 말이다. 작은아이는 곧 "아이고! 어머니! 피하고 벌겠습니다"라고 하는 것이다. 작은아이는 가끔 '어머니'라는 호칭을 붙일 때가 있다. 같은 말이어도 정말 맛있게 한다는 생각이 들었다. 말 좀 한다고 생각했던 나보다 사랑이 잔뜩 묻어있었다. 전용 비행기를 타고 오면 되니 걱정하지 말라고까지 했다. 듣고만 있어도 기분이 좋아진다. 꼭 몇 년 후 아니 십수 년 후가 될 지도 모르지만 UFC경기장에 와있는 느낌이다. 참 맛있게 말을 건네는 둘째 아들이 너무 고마웠다. 사소한 말에도 사랑을 담을 수 있는 것은 기술이라기보다는 마음이 하는 일이라고 생각한다.

다섯 살이 된 민지는 네 살까지는 다른 어린이집에 다녔다. 분홍, 보라색을 좋아해서 색깔만 다른, 같은 옷이 몇 벌씩 있다. 그 옷만 고집해서 똑같은 옷을 몇 벌 준비해둔다는 것이 엄마의 대답이었다. 나는 그 말을 들으면서 그러기 쉽지 않은데 대단하시다고 말했다. 옷을 그렇게 입는 것도 특별하지만, 특히나 민지는 간식시간과 점심시간이 가장 힘든 아이다.

다행히 제일 먼저 식탁 앞에 앉아 있기는 한다. 그런데 친구들이 다 먹고 자리를 뜰 때까지 먹는 모습을 구경만 할 뿐이다. 늦게 남아있는 민지는 거의 내 담당이 된다. 그냥 둘 수가 없어서 어르고 달래고를 반복하면서 한 숟가락씩 먹어보게 청한다. 역시 입을 꾹 다물고 거부한다. 킁킁 냄새를 맡아보기도 하고 숟가락으로 한번 저어보기라도 하는 건 관심이 있다는 것이다. "어때? 맛있는 냄새 나지?"라고 물었다. 민지의 대답은 "아니, 맛없어! 싫어!"라면서 화내듯 대답했다. 그러면 어른인 나도 다섯 살 아이에게 상처를 받고는 한다. 왜 이렇게 부정적인 언어만을 사용하게 됐을까 하는 생각도 해본다.

그렇다고 벌써 포기할 수는 없다. 숟가락을 가져와 함께 먹어보기도 하고 좋아하는 놀잇감 이야기를 하면서 사정을 해보기도 한다. 끝까지 고집할 때도 있고 어쩌다 하루씩은 내 방법이 통한 건지 함께 먹어줄 때도 있다. 기특하게도 민지가 가장 좋아하는 멸치볶음이 반찬으로 나온 날이면 "우와! 너무 맛있다"라며 스스로 먹기까지 한다. 그런 날엔 폭풍 칭찬이 반찬이 된다. 간식이나. 점심을 먹었다는 것보다는 맛있다며 먹은 것을 칭찬해준다.

민지와 점심시간을 보내고 나면 나도 초콜릿을 한 알 먹어줘야 할 만큼 에너지가 많이 빠진다. 혼자 넋두리를 할 때도 있다. '민지야! 우리 아이들한테 이렇게 공들였으면 존경받는 인물 1위가 되었겠다'라면서 말이다. 민지는 아직도 우리에게 많은 숙제를 남겨주는 친구다.

"내가 너 때문에 못살아!"라는 말을 아이에게 해보지 않은 부모가 있을까? 하지만 아이 입장에서 생각해보면 정말 공포스러운 말이다. 옵션으로 따라오는 말이 또 있다. "몇 번을 말해야 알아들어?", "엄마가 하라면 해!" 아이가 중학생이 되는 동안 많이도 던졌던 폭탄 같은 말이다.

'같은 말이어도 아 다르고 어 다르다'라는 속담이 있다. 가끔 생각해보면 왜 이렇게 화를 내면서 아이를 키웠을까 자책도 하게 된다. 그토록 원했던 보물 같은 아이에게 비수를 꽂는 말을 해댔을까 하는 자괴감이 들기도 한다. 남들은 너무 쉽고 행복해보이는 육아가 나에게는 왜 그토록 힘들게 느껴졌는지 모르겠다. 잘 참고 넘어가나 싶다가도 한번 시작하면 아이가 상처를 받고 울거나 힘들어할 때까지 퍼부어야 하는 나쁜 엄마였다. 아이에게 스트레스를 해소하는 몰상식한 엄마였다.

여러 번 하는 말이지만 사람은 누구나 인정받고자 하는 욕구를 가지고 있다. 누군가 자신을 무시한다는 생각이 들면 사람들은 대부분 화로 표현하게 된다. 그런데 아이에게 화를 내게 되는 이유는 부모 스스로 자신의 잣대를 가지고 아이를 판단하기 때문이다. 아이는 그럴 의도가 전혀 없었는데도 부모의 분노로 인해 부모를 무시한 아이가 되어버리는 경우가 있다. 내가 당사자라면 많이 억울할 일이다. 변명의 기회조차 주지 않은 채 말칼을 휘두르며 화를 낸다. 지난 날의 내 모습처럼 말이다.

'가는 말이 고와야 오는 말이 곱다'라는 속담은 말하는 습관의 진리와 같다. 자신을 존중하는 사람이 상대방도 존중할 수 있다. 어렸을 때부터 존중받는 습관이 몸에 배어야 한다. 그래야 성장해가면서, 성인이 되어서도 존중하는 관계를 이룰 수 있다. 부모가 가장 쉽게 실천할 수 있는 가정 교육은 아이들을 존중하는 것이다.

'어른아이'라는 말이 있다. 몸은 어른이지만 감정표현은 어린아이 수준에 머물러 있어서 사회생활이나 인간관계에서 많은 어려움을 겪는 정신적 증상이다. 자신의 판단에 자신 없어 하고 항상 상대의 칭찬과 동의를 필요로 한다. 그러지 않을 경우 쉽게 상처받거나 은둔형 외톨이가 될 확률도 높다고 한다. 어렸을 때 부모에게 어떤 양육을 받았는지 생각해보라고 한다. 자신의 내면아이를 보듬어주는 것부터 시작해야 한다고 한다. 자신을 잘 이해해야 상대를 이해할 수 있는 마음이 열리기 때문이다.

화가 나면 심장부터 뛴다. 마음이 혼란스러워지면서 큰소리를 내게 된다. 무조건 화를 참아야 한다는 것은 아니다. 전 세계가 이미 알게된 '화병'이란 단어도 있지 않은가? 다만 관계를 망치지 않고 화를 내는 방법을 익히자는 것이다. 그것은 분노 대신 화가 난 원인에 대한 해결에 초점을 두는 것이다. 특히 아이에게 쏘아붙이거나 다그치지 말자, 협박하지 말고 요청하자, 화가 나는 순간임에도 불구하고 따뜻하게 화내는 자세부터 실천해보자.

무심코 던진 부모의 말과 태도는 매 순간 아이의 역사가 된다.

아이는 부모의 말투를 닮는다

우리는 누구나 소통을 잘하는 사람이 되고 싶어 한다. 나 또한 소통전문가로 살고 싶은 소망이 있다. 소통의 사전적 정의는 '막히지 않고 잘 통함', '뜻이 통하여 서로 오해가 없음'이다. 막히지 않고 오해가 없는 소통을 위해서는 말로 전달하기 전에 생각하기부터 시작되어야 한다.

나의 일터인 어린이집은 언덕배기에 있다. 앞으로는 한라산이 펼쳐져 있고 뒷 편으로는 제주 바다가 훤히 보이는 전망 좋은 곳이다. 가장 따뜻하다는 제주에도 겨울을 보내는 동안 두세 번은 폭설이 내릴 때가 있다. 하얀 눈을 감상하기는커녕 차량 운행이 염려되어 하늘만 쳐다보게 된다.

며칠 전, 준이가 엄마와 함께 등원했다. 준이 엄마는 반갑게 마중나간 선생님께 대뜸 이렇게 말했다. "차가 똥차여서 겨울엔 오기도 힘들겠어요!" 그것도 아주 퉁명스럽게 말이다. 선생님은 솔톤으로 가볍게 대답하고 엄마와 헤어졌다. 그다음이 문제였다. 친구들과 놀이하던 준이가 친구가 만든 블록 자동차를 무너뜨렸다. "야! 이거 똥차잖아!", "너희 엄마 차, 똥차"라고 하는 것이다. 갑작스러운 표현으로 선생님도 친구도 당황스러운 상황이 됐다.

아이들은 부모와의 대화를 통해 자란다. 아이의 언어 발달을 위해서는 생활 속에서 끊임없이 자극을 주어야 한다. 그러나 예외의 경우는 존재한다. 준이의 경우가 그렇다고 하겠다. 육아에 필요한 바른말만 해야 한다. 좋지 않은 영향을 줄 것 같으면 차라리 말을 하지 않는 편이 현명한 방법이다.

말을 한참 배우고 습득하는 아이가 부모의 말을 따라 하는 것은 너무나 자연스럽다. 말 이외에도 말을 하면서 표현되는 감정과 말투까지 아이는 본능적으로 학습하게 된다. 부모가 일상생활에서 사용하는 말투를 아이가 그대로 모방하게 된다면 지금부터 당장 말투부터 점검하고 바꿔보자. 오죽했으면 '묵언수행'이 등장했을까?

말하기 기술은 타고나기보다는 환경에 영향을 받는다는 연구 결과가 있다. 최소 10년 이상을 함께 사는 부모의 말투야말로 자녀에게 얼마나 많은 영향을 주는지를 입증하는 결과다. 부모가 말을 할 때는 신중하게 해야 한다. 모범이 되어야 한다. 아이가 그 모습을 그대로 보고 배운다는 것을 잊지 말아야 한다. 아이는 부모나 교사의 한마디 한마디의 말을 스펀지처럼 그대로 흡수하는 존재이기 때문이다.

"너 때문이야!", "선생님! ○○때문이예요!"

아이들의 놀이 상황을 관찰하다 보면 유독 '누구누구 때문이야!' 라며 억울해하는 경우가 많다. 다시 듣고 싶거나 호감이 가는 말투는 아니다. 아이들끼리도 그런데 어른들의 경우라면 감정싸움이 되거나 관계가 틀어지는 원인이 되기도 한다.

'~때문에'라는 표현은 문제의 원인을 다른 대상에게 떠넘기거나, 자신의 책임을 회피하려는 부정적인 의도가 숨어있기 때문이다.

평소 아이에게 하는 말 표현을 점검해볼 필요가 있다. 부모나 교사가 아이에게 본이 되었던 것은 아닌지 되돌아봐야 한다. 공격적인 표현을 쓰고 있지는 않은지, 존중하는 말투인지, 다정하게 말을 건네는지 살펴봐야 한다. 굳이 하지 않아도 될 표현을 써서 대화의 질을 떨어뜨리고 아이에게 좋지 않은 언어습관을 익히게 하고 있지는 않은지 반성해야 한다.

'~때문에' 대신 '~덕분에'라는 말을 사용하자는 공익 광고를 생각해보면 훨씬 납득하기 쉬울 것이다.

아이에게는 좋은 말만 해주고 싶은 게 부모의 마음이다. 하지만 생각처럼 실천하기가 쉽지 않다. 그러면 연습이 필요하다. '어쩌다 어른'이라는 말이 있다. 어른이 되었다고 해서, 나이가 많다고 해서 다 잘 하고 잘 아는 것은 아니다.

모르는 것은 배우고 실천하면 된다. 향이 좋은 차를 마시면 마음이 편안해지고 기분이 좋아지는 것을 느낀다. 말하기에서도 마찬가지일 것이다. 적절한 레시피를 만들고 찾아내는 작업이 필요하다. 따뜻하고 향기가 나는 말하기가 습관이 되어야 한다.

가까운 사이일수록, 소중한 가족 간일수록 따뜻하고 다정한 말을 하면 좋겠다. 부모가 하는 말의 파급력과 영향력이 얼마나 대단한가는 매 순간 아이를 볼 때마다 깨닫게 된다.

그렇다면 우리는 아이와 얼마나 많은 대화를 할까?, 어떤 말들을 주고 받고 있을까?

몇 해 전 하루 평균 가족과의 대화 시간을 조사한 결과가 주목을 받았다. 직장인을 대상으로 한 조사였다. 전체 응답자의 47.8%가 '30분 미만'이라는 결과에 놀랐다. 물론 직장생활에 쫓기느라 시간을 낼 수 없다는 게 가장 큰 이유였다. 다양하고 첨단화된 멀티미디어가 그 시간을 메우고 있지는 않을까? 요즘은 가족끼리도 집안에서조차 문자메시지나 SNS로 소통하는 경우를 볼 수 있다.

대화에 필요한 시간을 꼭 만들어야 하는 것은 아니다. 짧은 시간을 이용하더라도 가족 간에 질 높은 대화를 나누자는 것이다.

우리 선조들의 교육법에는 유명한 '밥상머리 교육'이 있다. 이는 권위적으로 교육을 시킨다라는 의미가 강하게 느껴진다. 하지만 다시 생각해보면 밥상머리는 가장 따뜻한 가족 간 대화의 장이라는 것이다. 가족이 함께 식사를 하면서 대화를 나눈다는 것에 주목해보자. 식사 준비에서부터 정리시간까지 가족이 함께 참여하게 되는 것에는 이견이 없을 것이다.

서로 간의 대화를 통해 사랑과 관심, 걱정과 응원의 마음을 전달할 수 있다. 부모가 어떻게 말하느냐에 따라 아이는 부모가 나를 사랑하고 관심 있어 하는지를 알게 된다. 이 경우 아이는 정서적으로 안정감을 느끼며 성장하게 되는 것이다.

말을 한참 배우는 아이가 부모의 말을 따라하는 것은 당연한 것이다. 그렇기때문에 가족간의 대화가 중요하다는 것이다. 곧 부모가 어떻게 말하느냐에 따라 아이의 인성이 자라난다. 부모는 아이에게 첫 단추를 채워주는 위대한 첫 번째 선생님이다.

우리나라 속담에 '아이 앞에서는 찬물도 못 마신다'라고 했다. 이 말은 아이는 직접 보고 듣는 것에서 훨씬 많은 것을 배우게 된다는 의미다.

소리, 태도와 감정 부모의 모든 것을 스펀지처럼 흡수한다는 것을 명심하자. 아이에게 바라는 대로 부모가 먼저 말하고 직접 보여주기를 실천하자.

모든 성공하는 사람은 롤모델이 있다고 한다. 롤모델의 삶을 그대로 따라 하다 보면 어느 순간 성공자의 대열에 올라서 있다는 것이다.

부모라면 모두 자녀가 행복하고 성공한 삶을 살기를 희망한다. 아이에게 전해지는 부모의 한마디가 아이 인생의 이정표가 된다. 아이를 보면 부모를 안다고 했다. 부모의 말하기가 잘되면 대화가 즐거워진다. 대화 시간이 늘어나는 것은 당연하다. 스마트폰에 뺏겼던 가족 간의 시간을 돌려받을 수 있게 된다.

육아는 아이와 부모가 한 곳을 보고 나아가는 여정이다. 때로는 힘이 들기도 하고, 더러는 주저앉고 싶을 때도 있다. 부모의 따뜻하고 바른말 한마디가 다시 일어설 수 있는 인생 백신이 되어줄 것이다.

성공한 부모란? 아이에게서 부모가 자신의 롤모델이었다는 대답을 듣게 되는 부모가 아닐까?

감정을 솔직하게 표현해라

"누구나 책을 쓰고 작가가 될 수 있다." ㈜한책협 김태광 대표가 한 말이다. 나는 책임지지 못할 말을 잘도 뱉는다고 생각했다. 용기를 주는 말이야 누구는 못 하겠냐고 콧방귀를 뀌었다.

지인으로부터 그의 저서 《김대리는 어떻게 1개월 만에 작가가 됐을까》를 선물을 받았다. 일단 제목에서 묘한 끌림이 있었다. 사기와 성공은 한 끗 차이라고 사기가 아니면 성공하겠다는 생각이 들었다. 한장 한장 술술 읽혔다. 재미도 있고 공감이 갔다. 그 순간 '쿵!' 하고 뇌리를 치는 깨달음이 있었다. 독자가 공감하는 글이 최고라는 것을 말이다. 책을 읽는 독자가 읽으면서 고개를 끄덕일 수 있는 글을 쓰는 것이 능력 있는 작가라는 확신이 들었다.

나는 짧은 글 끄적이기를 좋아하는 서툰 초보작가였다. 나는 어린이집에서 하루 10시간이 넘는 시간을 아이들과 함께 보낸다. 그렇다 보니 아이들을 관심을 가지고 살펴보게 된다. '백인백색'이라는 말이 있다. 어쩜 그렇게 하나 같이 다를까 싶다. 똑같다면 또 얼마나 삭막할까 싶다가도 독특한 아이를 만나면 도를 닦는 마음으로 대할 때가 많다.

작은아들이 초등학교 저학년 때 "엄마는 어린이집 아이들한테만 좋은 사람인 거 아세요?"라며 울부짖었던 적이 있다. 그 날 나는 "그래, 남의 집 아이처럼 대하면 되겠구나"라고 대답하며 반성과 깨달음을 얻었던 기억이 있다. 하지만 지금도 남의 집 아이와 내 집 아이 대하는 방식이 아주 다른 사람으로 살아가고 있다.

남다른 아이들을 관찰하고 글을 쓰기 시작했다. 한 아이에 대해 관찰하고 메모를 하다보면 나의 유년을 만나게 되기도 한다. 그럴 땐 어린 시절 에피소드가 글쓰기 소재가 되기도 한다. 독자층을 아동과 청소년에 맞추다 보니 아동문학 장르에 관심을 가지게 되었다. 아이들의 이야기가 주된 내용이기도 했다. 우연한 기회에 지역 문학단체에서 주최하는 문학상에 공모하게 되었다. 그 해 가난했던 어린 시절의 나를 소환해 풀어낸 〈엄마냄새〉라는 작품이 동화부문에서 당선작 없는 가작에 입상하게 되었다. 일명 작가가 되었다.

문학단체에 가입하는 계기가 되었다. 선배 동화작가가 단체에 가입하고 분위기 알아가면서 작품활동을 하라는 조언을 해주었다. 한번은 어느 회의에 참석하게 되었다. 기라성과 같은 대선배들이 함께하는 자리였다. 바늘방석 같았다. 부담스럽고 두려웠다. 작가는 작품으로 평가받는다는 것쯤은 햇병아리인 나도 너무 잘 알고 있기 때문이다. 글쓰기가 겁이 나고 '고작가'라는 호칭 역시 어색하기만 했다. 몸에 맞지 않는 옷을 입은 것처럼 거추장스러웠다. 글을 쓰는 것도 자신이 없었다. 잘 쓰지 않으면 안 될 것 같은 마음이었다. 그렇게 나는 고작가라는 옷을 입지 않으려고 애쓰고 있었다.

2021년 12월이었다. 코로나19 팬데믹으로 조용한 송년을 보내고 있었다.

"원장님은 잘 하실 거예요! 어서 좋아하는 책을 내서 퍼스널브랜딩하세요! 글도 잘 쓰잖아"라고 말하며 책 선물을 건네면서 지인이 대뜸 한 말이었다. 나는 '나중에 기회가 되면'이라고 생각하고 있었다. 잊고 있었던 글쓰기에 대한 막연한 힘이 되살아났다고나 할까?

㈜한책협 김태광 대표와 아내 권마담(본명 : 권동희)이 공동으로 펴낸 《김대리는 어떻게 1개월 만에 작가가 됐을까》에서는 거짓말처럼 책쓰기에 대한 비법이 고스란히 담겨져 있다. 그것도 너무 쉬운 표현과 귀에 쏙쏙 들어오는 문장으로 친절하게 안내하고 있다.

나는 이 책의 매력에 푹 빠졌다. 책에 소개되고 있는 방법을 따라만 해도 될 것 같은 자신감이 생겼다. 궁금한 마음에 ㈜한책협에서 운영되는 인터넷 카페를 찾았다. 카페 가입 회원수가 수만 명이 넘는 것에 일단 놀랐다. 여긴 '사이비 종교 단체인가' 하는 의심도 있었다.

글쓰기 코칭을 받으면 누구나 글을 쓰고 책을 낼 수 있다는 응원의 글들이 게시판을 도배하고 있었다. 심지어 코칭받은 지 1~3개월 만에 책을 출판하고 작가가 되었다는 믿을 수 없는 글들이 게시되어 있었다. 김태광 대표의 닉네임 '김도사'는 이곳 카페 회원들에 의해 지어졌다는 말도 후에 들을 수 있었다.

김태광 대표가 직접 진행하는 책 쓰기 일일특강에 참여했다. 다섯 시간 동안 이어지는 비대면 강의였다. 코로나19가 만들어낸 비대면 강의를 나는 무척 좋아한다. 정보력만 있으면 최상의 강의를 집안에서 편안하게 들을 수 있다는 장점이 나는 좋다. 물론 자발적인 참여일 경우 교육의 효과는 집합 교육 그 이상이라고 보기 때문이다. 주말 오후 나는 글쓰기 특강을 받으면서 고작가의 삶으로 살아도 좋겠다는 생각을 다시 하게 되었다.

"작가는 키워지는 것이 아니라 스스로 크는 것이다. 작가는 특별한 사람만이 될 수 있다는 생각은 쓰레기통에 던져버려라. 작가에 대한, 글쓰기에 대한 인식만 바꾼다면 누구나 작가가 될 수 있다."

《김대리는 어떻게 1개월만에 작가가 됐을까》에서 말해주는 허를 찌르는 말이다. 김태광 대표는 '이루고 싶은 꿈을 매일 상상하고 실현되었다'고 믿는 생활을 습관화하라고 말한다. 누구나 글을 쓰고 책을 낼 수 있다는 강한 의지를 가지고 글쓰기를 출발하라고 권한다. 글쓰기를 알려주는 사람은 많았다. 하지만 글 쓰는 방법에 대해 체계적으로 알려준 사람은 흔하지 않았다.

주제와 제목이 정해지고, 36개의 꼭지가 완성되었다. 책쓰기 코칭을 받은 지 2주 만의 일이다. 놀라웠다. 신기했다. '이게 가능하구나'라는 생각이 들었다. 3주가 지나고 출판사와 출판계약을 하게 되었다. '꿈인가? 생시인가?'는 이럴 때 쓰는 표현인 듯했다.

나는 요새 나의 첫 책 출판을 앞두고 기분 좋은 상상을 하며 한 꼭지, 한 꼭지 원고를 채워가고 있다. 1년에 한 권 이상 책 출간을 목표로 꾸준히 실천하고 있다. 고작가라는 호칭이 어색하지 않도록 말이다. 어느 책의 한 꼭지가 되어줄 이야기를 위해 나는 오늘도 키보드 자판을 사랑스럽게 두드려본다.

"성공해서 책을 쓰는 것이 아니라, 책을 써야 성공한다." ㈜한책협의 모토가 되는 말이다. 나는 성공한 고작가의 삶을 위해 오늘도 책을 쓴다. ㈜한책협 관계자들께 고백한다. '사기꾼, 허풍과 무책임한'이라는 말로 일괄 매도하려던 내 마음을 용서해주길 바란다. 이제 체증이 풀리는 것 같다. 역시 감정은 솔직하게 뱉어내야 제맛이다.

부모의 삶은 자녀의 교과서다

　남편은 나보다 한 살 더 많은 오빠다. 결혼 20년 차를 앞두고 있는데도 아직 호칭을 바꾸지 못하고 있다. 집안 어른들께는 주의를 받기도 한다. '여보'는 낯간지러워 못하겠고 그렇다고 '누구누구 아빠'라고 하는 것도 적절하지 않은 것 같다. 그래서 눈치껏 호칭을 빼기도 하고 붙이기도 하면서 소통하고 있다. 요새 우리는 '잘 살자! 파이팅'이란 인사를 곧잘 건넨다. 잘 살자 속에는 부자가 되자는 의미가 짙게 묻어있다. 몸이 아프고 난 후부터 이젠 정말 지긋지긋한 월급쟁이 그만하고 싶다는 생각이 종종 들기 때문이다.

　어느 광고에서 본 문구다. 고도로 성장한 대한민국에서 가난하게 사는 건 죄라고, 가난한 건 노력하지 않은 자신 스스로의 탓이라고 했다. '쿵!' 하고 머리를 한 대 쥐어박는 것 같은 느낌을 받았다. 그냥 열심히만 산다고 해서 미래가 보장되는 건 아니란 것을 요즘 들어 뼈저리게 느끼고 있다. 쉰이 넘는 나이 동안 나와 남편 역시 쉼 없이 무언가를 하면서 부지런히 지내왔다. 그런데 아직 부자가 되지는 못한 것 같다. "집 있고, 차 있고, 아들 있고 하면 됐지!" 하면서 농담을 하지만 제발 농담이었으면 좋겠다. 사실 나는 요새 부자가 되고 싶다는 욕심을 가져보는 중이다.

켈리 최(Kelly Choi)는 유럽의 대형마트에서 초밥도시락을 파는 '켈리델리'의 창업자다. 2020년 영국 매체 〈선데이 타임즈〉의 부자 리스트에서 전 세계 345위를 차지한 인물이다. 영국의 엘리자베스 여왕이 372위였으니 상상이 되지 않을 만큼 큰 부를 이룬 셈이다.

그녀는 저서 ≪웰씽킹≫에서 이렇게 말했다. 성공하는 삶을 원한다면 인생 롤모델을 정하고 그의 생활 습관을 씹어 먹어버리겠다는 생각으로 무조건 따라하라고 했다. 그녀의 표현에서 사람 냄새가 나는 것 같아서 혼자 웃었다. 그리고 켈리 최는 강조한다. 자신의 핵심 가치를 알고 꿈을 꾸고 결단하는 것이 중요하며 그 후에 꿈을 이루기 위해서 끊임없이 행동하라고 말한다. 만약 꿈이 없다면 지금 하는 일에서 정점을 찍고 난 다음에 생각하라고 한다.

다음은 그녀가 성공하는 사람들의 방식을 씹어 먹으며 찾아낸 일곱 가지 성공 비결이다. 여기에 적는 이유는 나도 이 성공한 사람의 삶을 씹어 먹기 위해서다.

- **목표를 분명히 한다.**
- **데드라인을 정한다.**
- **구체적으로 상상한다.**
- **액션 플랜을 세운다.**
- **나쁜 습관 세 가지를 버린다**(음주, 유희, 파티).
- **보이는 곳에 자신의 꿈을 적어둔다.**
- **매일 꿈을 100번 이상 외친다.**

남편과 나는 가난이 익숙한 사람들이다. 가난한 유년 시절을 보냈고 성인이 되면서도 크게 부유하지 않았다. 결혼 생활 역시 가난하게 시작되었다. 방음이 거의 되지 않는 허술한 한 칸짜리 방부터 시작해서 지금은 오래되긴 했지만 집도 장만했다. 그래서 주변에서는 '그만하면 되었다'라고 말하기도 한다. 하지만 아이들이 성장하는 만큼 남편과 나는 나이가 들어가니 조금은 더 여유를 가지고 살고 싶은 마음이 간절하다. 켈리 최가 말한 일곱 가지를 실천하면서 차근차근 부자 공부를 해볼 생각이다. 부자가 될 손금은 아니라고 하지만 데드라인을 정해야 하니 향후 10년으로 정해본다.

남편도 가난이라면 진저리가 나는 사람이다. 그래서 나는 어지간해서 남편에게 돈 관련해서 힘들다는 말은 거의 하지 않는다. 해결되지도 않을 일을 굳이 말을 해서 걱정을 얹어 놓기 싫은 이유에서다.

어촌에서 어부의 아들로 나고 자란 남편은 어렸을 때부터 부모님을 따라 바다에서 일을 했다. 아버지를 대신해 배를 운전하기도 하고 어머니를 도와 그물을 손보거나 생선을 장만하는 허드렛일을 도맡았다. 형님도 있고, 누나도 여럿인데도 어머니는 남편을 불러 바닷일을 동행하자고 하셨다. 거절할 줄 모르는 남편은 자연스럽게 착한 아들이 되었다. 어머니는 좌판에서 생선을 파셨다. 돈 관리는 아버지 몫이었고 가계는 언제나 어려웠다고 했다. 어머니는 당장 밥 지을 쌀을 얻으러 다닌 적도 있고 빚쟁이가 집으로 쳐들어온 적도 있었단다. 문 두드리는 소리를 들으면 그때 기억이 나면서 무서워진다고 했다. 가난이 만들어낸 남편의 트라우마다.

나는 남편의 선한 성품과 크지 않은 소리로 따뜻하게 말하는 것에 끌렸다. 내가 먼저 고백을 했고(프로포즈는 아니었다) 결혼 적령기라는 나이를 훨씬 넘기고서야 결혼을 했다. 지금껏 무탈하게 알콩달콩 잘살고 있다고 자부한다.

특히 작은아이가 아빠를 무척 좋아한다. 아니, 존경한다는 표현이 더 맞을 것 같다. 초등학교 때는 "어른이 되면 아빠처럼 살겠다"고 선언까지 했었다. 하루는 지금껏 아빠가 살아온 이야기를 해달라고 했었다. 당시 남편은 항구건설현장에서 통선을 운영하는 일을 하고 있을 때였다. 직업까지 아빠가 하는 일을 하겠다고 했던 아이 다(물론 지금은 기억도 못하겠지만 말이다).

그때 나는 덜컥 겁이 났다. 남편은 그야말로 어렵다는 3D 직업만 거쳐왔다고 생각하고 있었던 터라 정말 아빠를 닮겠다면서 아빠가 하는 일을 따라서 하면 어쩌나 염려되었다.

나는 남편에게 사회복지 전문학사 과정을 추천했다. 남편의 성향과 잘 맞을 것 같았다. 접하지 못했던 일이긴 하지만 남편이라면 잘할 수 있을 것 같았다. 무엇보다 남편이 아쉬워하는 대학 졸업 학력을 선물하고 싶은 욕심도 있었다.

어린이집이라는 사회복지 현장에 있으니 내가 도울 수 있는 것은 돕겠다고 했다. 반신반의하던 남편에게 나이 들어서 여유가 생기면 둘이서 사회복지시설을 운영하면 시너지를 낼 수 있을 것 같다고 설득했다. 남편이 동의했고 나는 바로 학기를 수강했다. 온라인 강의를 함께 수강해주면서 이론 공부를 마쳤다. 사회복지사 자격 취득은 현장실습이 필수다. 도저히 남편은 혼자 해낼 수 없겠다고 했다. 몇 년에 걸쳐 공부했는데 이대로 끝낼 수는 없었다. 내가 도와주겠다고 했던 것이라 덜컥 따라 수강 등록을 했다. 나는 전공과목에서 유예되는 부분을 제외하고 수강하면 되었다. 남편보다 기간이 짧았다. 남편과 나는 부지런히 늦깎이 공부를 함께했다. 그 어렵다는 사회복지 현장실습도 1월에 무사히 마쳤다.

작은아들은 아빠를 닮은 건지 말을 따뜻하게 하는 편이다. 남편과 사회복지실습을 하고 녹초가 되어 돌아온 날이었다. 저녁 9시가 되어야 집에 올 수 있었다.

그날 작은아이가 잊을 수 없는 멋진 말을 남겨줬다. "아빠, 엄마 대단하세요!" 이유를 물었더니 남편과 내가 함께 공부한다는 것 자체가 보기 좋다고 했다. 아이가 그런 평가를 해주니 기분이 좋았다.

그리고 나는 아들에게 다시 물었다. "엄마 아빠 사회복지사가 어울릴 것 같아?" 아들은 한 치 망설임도 없이 대답했다. "당연하죠! 엄마 아빤 이미 사회복지사입니다." 최고의 찬사였다. 남편과 나는 웃으면서 손바닥을 마주대고 '파이팅'을 한번 더 외쳤다.

나는 이번 꼭지를 쓰면서 흙수저로 태어난 남편과 나의 옛날이야기는 이제는 그만해야겠다는 생각이 들었다. 어쩌면 훗날 아이가 아빠의 길을 따라가고 싶어 할지도 모른다. 아빠의 삶을 닮고 싶을 만큼 멋지고 당당하게 살아가야겠다고 다짐한다. 아이에게 엄마 아빠의 삶이 성공한 삶으로 인정받게 되기를 간절히 바란다. 부모는 아이에게 롤모델이 되어줘야 한다. 진정한 멘토가 되어줘야 한다. 과거에 연연하지 않고 미래를 내다보며 멈추지 않고 걸어가는 모습을 보여줘야 한다.

부모의 삶은 아이가 미래를 설계해나가는 데 흔들림 없는 나침반이 되어줘야 한다.

언어 발달은 성장 발달에 중요한 요인이 된다

자신의 생각을 논리정연하게 주장하는 사람을 보면 '참 말 잘한다'라는 생각이 든다. 말을 잘한다는 것은 수다쟁이와는 차이가 있다. 대화의 질적인 개념이며 대화의 폭이 넓음을 의미한다. 말을 잘하는 사람의 대부분은 창의력이 뛰어나다. 가끔 엉뚱하다는 느낌을 받지만 창의적인 발상으로 상대를 편안하게 하고 웃게 만들기도 한다.

"이모! 나 오늘 호텔에서 이모 만났어요!"

조카가 네 살 무렵의 일이다. 대뜸 호텔에서 나를 만났다는 조카의 말에 나는 살짝 당황했다. "무슨 말이야? 이모는 집에서 이곳으로 왔는데? 잘못 봤겠지!"라고 대답했다. 조카는 한술 더 떠서 나를 엄청 많이 봤다고 하는 것이다. 난감했다. 조카 녀석이 굽히지 않고 주장해댔기 때문이다. 그것도 많이 봤다니 이해할 수가 없었다. 남편과 아이들도 함께 있던 자리라 솔직히 따가운 시선이 느껴지기까지 했다. 어떤 변명도 통하지 않을 것 같은 분위기였다. 한참 만에 조카에게 나를 본 목격담을 자세히 들었다. 가족 모두는 빵! 터지고 말았다.

내 이름은 고명순이다. 네 살 조카는 한글을 더듬더듬 재미로 익혀가는 중이었다. 호텔을 들어서는 순간부터 수없이 만나게 되는 '고정문'이란 표시가 조카에게는 이모 이름과 비슷했던 모양이다. 결국 이모를 무지무지 사랑해서 이모 이름까지 알고 있다는 것으로 마무리 되었다. 조카의 엉뚱한 상상이 우리 모두를 웃게 만들어 주었다. 지금도 어디에서든 고정문을 만나면 피식 혼자 웃게 된다. 여중생이 된 사랑스러운 조카에게 전화라도 걸어봐야겠다. 고정문 이모라고 말이다.

아이가 18개월에서 20개월이 되면 보통 20개에서 50개의 단어를 말하게 된다. "안녕"과 같은 사회적 표현을 하게 되거나 "싫어요"와 같은 불편한 감정을 표현하기도 한다. 이 시기에 "싫어", "저건 뭐야?", "왜?"를 끊임없이 해대는 것도 아이의 발달을 이해하면 납득할 수 있다.

발달이란, 아이가 육체적, 지적, 정서적으로 성장하면서 변화가 일어나는 일생의 과정을 의미한다. 아이에 따라 조금 빠르거나 느릴 수도 있음을 이해해야 한다. 이중 언어와 인지 발달은 거미줄처럼 얽혀있어서 아이의 발달 수준을 파악하는 지표가 되기도 한다. 언어 능력이 뛰어난 아이는 현재 상황을 판단하고 해결하는 능력이 동시에 생긴다. 말을 잘하는 아이를 보면 우리는 '똘똘하다'라는 표현을 곧잘 한다. 이는 언어와 인지는 연계해서 발달한다는 것을 잘 알고 있는 표현이다.

이 책에서 단골 사례로 등장하는 큰아들은 오랜 기간 사춘기를 앓고 있다. 그 때문에 말수가 좀 준 것 같다. 말 그대로 말을 잘하는 아이다. 팔불출이라고 하겠지만 사실이다. 초등학교 5학년 때 어린이회 부회장을 지냈다. 학교 운동장 공사와 관련한 회의에 참석하게 되었다. 학교, 학부모, 어린이 대표 등이 함께 진행되었다. 주요 안건은 학교 운동장 정비와 관련한 내용이었다. 천연잔디와 인조잔디를 두고 찬반으로 의견이 나뉘었다. 비용과 관리 등을 이유로 인조잔디가 적합하다는 쪽으로 의견이 모아지고 있었다.

어린이 대표 측의 반론 순서가 되었다. 어머나! 큰아이의 논리 정연한 설득력이 빛을 발하는 순간이었다. 회의에 참석했던 선생님, 학부모들이 5학년 학생치고 말솜씨가 보통이 아니라며 놀랐다고 했다. 아쉽게도 의견을 뒤집지는 못했다. 하지만 큰아이는 큰 경험을 했다. 자신의 생각과 의견을 논리적으로 대변해내는 언어 능력을 보여주는 계기가 되었다. 설득력 있게 말하는 것이 얼마나 중요한지를 깨닫게 되었다.

많은 연구자는 말하기, 읽기, 쓰기가 학업뿐 아니라 직업 성공의 핵심 능력이라고 주장한다. 어릴 때 말을 잘하는 아이가 다른 아이보다 지능이 좋다는 것은 여러 연구 결과에서도 쉽게 찾아볼 수 있다. 언어는 배울수록 풍부해진다. 그러므로 논리력, 사고력, 수리력 등에 영향을 주게 되는 것이다.

나에게는 두 살 많은 오빠가 있다. 공부가 제일 쉬웠다는 재수 없는 인터뷰 주인공처럼 공부를 정말 잘했다. 오빠가 어린 시절 우리는 초가집에서 살았다. 흙벽에는 신문지가 벽지를 대신해 붙어있었다. 옹알이를 막 시작할 때부터 유독 신문지 벽에 관심을 보이던 아기였다고 했다. 그것도 "찐나 찐나 찐찐나"라며 글자를 읽는 듯한 흉내를 냈다고 했다. 어머니도 놀라워서 글자처럼 보이는 걸 가리키면 어김없이 암호를 풀어가듯이 한 자 한 자 읽기를 흉내냈다고 했다. 어머니는 그런 아이에게 적당히 반응해주기를 시도했다. 소설에서나 나올법한 가난한 초가집 아이의 말 배우기 사연이다. 어머니 등에 업혀서도 '찐나 찐나 찐찐나'를 되풀이 해댔다고 했다. 정말로 오빠는 학교생활 내내 우수한 성적을 뽐내는 학생이었다.

아이는 언어를 알아가면서 사회를 받아들이게 된다. 언어를 알고 배운다는 것 자체가 타인과의 관계를 형성해가면서 사회 구성원이 된다는 의미다. 그래서 언어 발달은 아이의 성장과정에서 매우 중요한 의미가 있다. 그렇기 때문에 부모라면 자녀의 언어 발달에 민감해야 한다. 아이의 울음과 옹알이가 말을 알아가는 과정임을 잊지 말아야 한다.

이 때 부모의 긍정적인 자극은 특히 중요하다. 아이가 더 빨리 말하고 더 다양한 어휘를 습득하게 된다. 한 연구 결과에 따르면 엄마가 말을 많이 해준 20개월 아이가 엄마가 말을 덜 해준 아이에 비해 131개 이상 더 많은 단어를 익혔다고 보고되었다. 이처럼 가정에서 특히 부모의 언어 자극이 아이의 삶에 큰 영향을 준다는 것을 잊지 말아야 할 것이다.

캐나다 몬트리올 대학의 마리스 라송드(Maryse Lassonde) 박사의 연구 결과다. 이 연구에서는 엄마의 목소리가 신생아의 언어 학습과 관련된 뇌 부위를 활성화시킨다고 한다. 잠든 16명의 신생아에게 엄마와 간호사의 목소리를 들려주었다. 놀랍게도 엄마의 목소리를 들었을 때만 언어를 담당하는 뇌 부위가 반응을 보인다는 놀라운 사실을 알아냈다.

부모가 하는 말이 고스란히 아이가 전달받아 말을 하게 된다는 것을 명심하자.

생후 3개월까지는 울음으로 표현한다. 아이의 울음에 적극적으로 반응하는 엄마가 되자.

6~12개월이 되면 아이는 폭발적으로 옹알이를 해댄다. 아기가 '찐나 찐나 찐찐나'를 반복하더라도 놓치지 말고 알아차리는 엄마가 되자.

13~18개월의 영아는 발음은 부정확하지만 그 전에 비해 상당히 많은 단어를 말하게 된다. 이 시기 아이는 호기심이 발동하면서 손가락이 바빠진다. 아이의 시야에 들어오는 모든 것이 궁금하기 때문이다. 이 시기에는 다양한 상황에 대한 표현을 꾸준히 해줄 필요가 있다. 엄마의 슬기로운 언어생활이 아이의 빛나는 말솜씨를 만들어낸다는 것을 기억하자.

24개월~만 3세가 되면 3~4개의 단어를 함께 사용해 문장을 표현할 수 있다. 평소 자주 들었던 노래를 따라 부르기도 한다. 노랫말을 아이가 필요한 표현으로 바꿔 부르기가 가능해진다. "이건 뭐야?", "왜?"를 끊임없이 물어대면서 엄마를 피곤하게 할 수도 있다. 엄마의 신중하고 따뜻한 대답이 중요하다. 아이의 어휘력, 사고력, 판단력을 키워주는 순간이 되기 때문이다.

나는 그림책을 좋아한다. 일단 쉬워서 좋다. 언젠가는 그림책을 펴내고 싶은 꿈도 꾸고 있다. 그림책은 아이의 언어발달을 자극하는데 최고의 매체가 되어준다. 다양한 내용을 함께 나누며 상황을 판단하고 이해하게 된다. 아이가 친근하게 관심을 갖는 그림책을 활용하면 더욱 좋다. 아이는 그림책 주인공이 자기 자신이라고 가정하게 된다. 주인공과 하나가 되어 그림책 속에 빠지게 된다. 엄마와 함께 그림책을 보는 순간이 제일 행복하다는 말을 듣게 될 것이다. 단, 부모의 육성으로 함께 본다는 전제하에서 가능한 일이다.

일본의 심리학자이면서 작가인 사토 아야코(Ayako Sato)는 이렇게 말했다.

"어쨌든 인간관계를 형성하는 것이 물건이나 정보, 생각, 언어 등이 옮겨갔다가 옮겨오는 행위라는 것은 틀림이 없다. 그리고 최초의 좋은 행동을 시작하는 출발점은 상대방이 아니라 당신이었으면 좋겠다."

많은 어머니들이여! 아이의 말에 집중하고 아이의 말에 민감하게 반응하기! 이것만으로도 우리 아이의 언어 발달은 초고속으로 발달한다는 것을 믿자!

잠들기 전 아빠의 목소리를 들려줘라

　나는 동화구연가다. 그중에서도 그림책 구연을 좋아한다. 구연이란, 어떤 이야기의 내용을 입으로 실감 나게 말하는 행위다. 어린이집에서도 아이들에게 종종 책을 읽어줄 때가 있다. 아이들이 "이것도요, 나도요" 하면서 한 권씩 가져오는 책을 구연해주다 보면 예상했던 시간보다 훨씬 오래 걸릴 때가 있다. 그래도 내가 잘하는 것을 좋아해주니 기쁜 일이다.

　동화구연가 단체에 회장으로 있을 때였다. 동화구연가들이 모인 단체인만큼 뭔가 의미있는 특별한 사업을 진행하고 싶었다. 회원들의 의견이 모아졌다. 그중 나는 '1일 1동화'라는 프로젝트가 가장 마음에 와닿았다. 우리 단체와도 어울릴 것도 같았고 회원들의 기량을 발휘할 수 있는 기회도 될 것 같았다.

회원들끼리 하루씩 번갈아가며 동화를 구연하거나 책 한 소절이나 좋은 글을 낭송해서 회원들에게 녹음파일로 전송해서 나누는 프로젝트였다. 지금으로 치면 '오디오북'의 개념이라고 보면 좋을 것이다.

드디어 '1일 1동화' 사업이 진행되었다. 나와 몇몇 회원은 너무 좋다는 평을 하는 반면 또 몇몇 회원은 반대 입장이었다. 참여하기가 어렵기도 하고 너무 성의 없이 참여하는 회원도 있다는 등 의견은 다양했다. 장기적인 사업으로 시작되었던 이 프로젝트는 결국 6개월 정도를 진행하고 중단되고 말았다.

매일 한편의 동화나 좋은 글이 SNS로 배달된다. 자동차 운전을 하면서나 일과를 마친 후 잠깐 감상하는 시간을 즐겼다. 누군가 나를 위해 정성스럽게 녹음을 했을 그 순간이 그려져서 감사한 마음이 들었다. 치유 받는 느낌이라고나 할까?

그렇게 아쉽게 끝나버린 '1일 1동화'를 나는 집으로 옮겨왔다. 아이가 어렸을 때였으니 엄마, 아빠가 직접 아이에게 들려주면 좋겠다는 생각이었다. 나는 물론이고 남편에게도 함께 시작하자고 제안했다. 남편도 흔쾌히 수락했다. 일주일에 두세 번은 아이가 좋아하는 그림책을 골라 녹음해서 들려주곤 했다. 반복 들려주기가 가능하니 남편은 일석이조라며 좋아했다.

아이가 성장하면서 그림책에 관심을 가지는 시기가 있다. 그림책은 아이에게 있어 세상을 알아가는 수단이 된다. 다양한 그림과 재미있는 이야기로 구성된 그림책은 지식의 개념이라기 보다는 놀이 자체가 된다. 두 아이가 어렸을 때는 남편이 그림책을 많이 읽어줬다. 같은 그림책을 읽더라도 그때그때 놀이 상황에 맞게 내용을 바꿔가며 이야기해주는 것도 곧잘 했다. 아이 역시 아빠와 책보는 것을 즐거워했다. 남편은 고맙게도 아이와 함께 놀아주는 것을 귀찮아하거나 싫어하지도 않았다. 네 살 무렵 아빠와 함께 공룡 이름을 줄줄 외우며 놀아대던 모습이 눈에 선하다. 덕분에 잘 놀아주는 아빠가 될 수 있었던 것인지도 모르겠다. 그 후로도 아이는 손재간이 좋은 아빠에게 만들기 숙제를 의논하거나 함께 참여하기도 했다. 아이와 어떻게든 적극적으로 소통하려는 남편에게 고마운 마음이 들었다.

아이를 잘 키운다는 것이 어떤 것을 의미하는 것일까? 부모라면 항상 숙제로 남는 질문이다. 대학이 전부가 아니라고 말하면서도 아이들은 대부분 학교 공부 외에도 학원에서 입시 공부로 많은 시간을 보내고 있다. 놀이 수학, 놀이 영어 놀이에까지 공부가 결합되어 아이들을 공부의 노예로 만들어가고 있는 것은 아닐까 하는 생각이 드는 것이 사실이다.

아이가 네 살 정도가 되면 아빠와 놀이하는 것을 더 좋아하게 된다. 엄마의 경우 움직임이 커지고 놀이가 다채로워진 만큼 다치지는 않을까 조심하는 것에 집중하게 된다. 반면 공차기, 달리기, 목마 타기, 씨름 등 몸을 이용한 대부분의 놀이를 아빠와 함께한다. 엄청난 에너지를 소모하며 놀이하는 것이 아빠와의 놀이에서 가능하다는 것을 아이들은 알아가기 때문이다. 이 경우 아빠는 단순히 놀이 상대가 되어주는 것 외에 아이와 많은 감정을 교감하게 된다.

한 연구 결과에 따르면 아빠가 감정을 읽어줄 때 엄마에 비해 아이가 느끼는 정도는 강력하다고 한다. 아빠의 역할이 부정적이든 긍정적이든 자녀에게 큰 영향을 미친다는 것이다. 정서적으로 안정감을 주는 아빠에게서 자란 아이가 그렇지 않은 아이에 비해 행복감을 느끼는 정도가 높다는 것은 많은 연구 결과에서 입증되고 있다. 아이가 행복하게 잘 자라길 바라는 것은 모든 부모의 마음이다. 그렇다면 아이와의 놀이에 적극적으로 참여해야 한다. 놀이터가 놀이터의 역할을 다하지 못하는 경우도 많고, 삼삼오오 놀이하던 골목길도 사라져버렸다. 아이들이 놀이할 공간이 없다는 지적도 쏟아지고 있다. 또래들과의 놀이가 전부였던 부모 세대와는 다르게 아이의 놀이도 부모가 챙겨줘야 할 부모 역할 중 하나가 되었다.

어떤 아빠는 아이에게 함부로 말하거나 성인들이 사용하는 표현을 그대로 아이에게 하는 경우가 있다. 그럴 때마다 나는 눈살이 찌푸려진다. 그 자체가 언어폭력이 될 수 있기 때문이다. 아이가 싫다는 데도 장난삼아 말을 하는 경우를 볼 때는 더 그렇다. 명령조로 말하거나 귀찮은 듯 대답하기도 하는데 별로 대수롭지 않게 생각한다는 것이 더 문제다. 대부분 그렇겠지만 나 역시 누군가와 대화를 할 때 눈을 보고 하려고 노력한다. 상대가 아이인 경우는 더더욱 아이에게 눈을 보게 하면서 대화를 이어나간다. '시선을 맞추는 것'은 대인관계의 기본이다.

우리나라에서는 웃어른의 눈을 쳐다보는 것은 예의에 어긋난다고도 한다. 하지만 아기는 태어난 직후부터 부모와 시선을 맞추며 웃음을 짓는다. 첫 웃음을 발견했을 때 부모는 너무 좋아 환호한다. 이를 '사회적 미소(Social Smile)'라고 한다. 이 사회적 미소가 아기에게 있어 대인관계의 시작인 셈이다.

실제로 한 방송에서 신생아를 대상으로 태담 때 들었던 엄마 목소리와 아빠 목소리를 기억하는지 실험을 했다. 아기는 모두 구별해냈다. 그중 엄마 목소리보다 아빠 목소리를 뚜렷하게 구분하고 반응했다. 아빠의 중저음의 목소리가 주파수가 낮아 양수를 통과해 아기의 청각세포로 전달되기까지 정보가 많이 들어간다는 것이다.

아기의 청각은 24주경부터 발달하기 시작하는데 이때부터 외부 소리를 들을 수 있다. 아기는 고음보다 중저음을 더 좋아해서 아빠의 중저음 목소리를 꾸준히 들은 아이가 뇌발달이 활발하다고 한다. 임신 중에 아기를 위해 태담 태교를 많이 한다. 그러나 태담, 태교를 놓쳤다고 포기하면 안 된다. 아직 아빠의 따뜻한 목소리를 풀어 놓을 시간은 충분하다.

소아청소년과 전문의 김영훈 교수의 칼럼의 일부를 옮겨 본다. 미국소아과학회에서는 '생후 6개월 이상 아기에게 계속 책을 읽어주면 아기의 지능이 좋아진다'라는 연구결과를 발표했다. 아기의 뇌에는 상대방의 말을 듣고 이해하는 '수용언어'를 담당하는 베르니케 영역이 있다. 이는 자신의 의사를 표현하는 '표현언어'를 담당하는 브로카 영역보다 빨리 발달한다. 이 때문에 아이는 말을 하지 못해도 일찍부터 부모 말을 이해한다.

수용언어를 발달시키는 방법은 책을 읽어주는 것이다. 아이는 아빠 목소리에 더욱 민감하게 반응한다. 엄마보다 접촉 시간이 짧으니 항상 들을 수 있는 엄마 목소리보다 아빠 목소리를 신선하게 느끼므로 아빠가 책을 읽어주는 것만으로도 사랑받고 있다고 생각하기에 집중력이 더욱 높아진다고 한다.

똑똑하고 창의력이 강한 아이로 키우고 싶다면 아빠의 도움이 필요하다. 아이와 친해지는 시기를 놓쳤다면 오늘부터 시작해보자. 매일 아이와 놀아주거나 그림책을 읽어주자. 고음의 엄마 목소

리보다 중저음 아빠 목소리에 아이는 더 편안한 안정감을 느낀다고
한다. 집중력이 높아진다고 한다. 무엇보다 뇌 발달에 좋다고 하니
이보다 더 멋진 과외가 없지 않은가? 아빠의 목소리가 내 아이를
편안하고 행복하게 만드는 마법의 소리임을 잊지 말자.

말투에 애정 한 스푼을 첨가해라

우리는 깨어 있는 대부분의 시간을 말을 하면서 보낸다. 말은 글과 함께 의사소통의 중요한 수단이다.

모로코 속담에 '말이 입힌 상처는 칼이 입힌 상처보다 깊다'라는 말이 있다. 그만큼 우리가 하는 말이 얼마나 중요한가를 느끼게 한다. 이처럼 말의 위력이 얼마나 대단한지를 알면서도 우리는 종종 너무 쉽게 말을 내뱉고는 한다. 더러는 오랜 기간 상처로 남게된다는 것을 알면서도 말이다.

얼마 전의 일이다. 큰아들은 올해 1월 중학교를 졸업했다. 요새는 컴퓨터 게임에 빠져 지내고 있다. 그 모습이 엄마의 눈엔 여간 거슬리는 게 아니다. 고등학교 과정을 준비해도 시원치 않을 판에

게임이라니…. 하지만 아들은 불안한 엄마 마음과는 너무 다르다. 게임 삼매경에 빠질 수 있는 긴 겨울방학이 정말 행복하다는 입장이다. 속 터질 노릇이다. 퇴근해 들어오는데 방문은 닫힌 채 키보드 두드리는 소리만 요란하게 들렸다. 화가 치밀어올라 아들의 방문을 벌컥 열었다.

그러고는 "넌 인사도 안 하냐?"라는 첫마디를 날렸다. 헤드셋을 끼고 있어서 안 들렸는지 큰아들은 화를 내는 엄마를 이해하지 못하겠다는 듯 쳐다보았다. "다녀오셨어요?"라고 인사하면서. 그러고는 다시 게임에 집중하는 것이다.

"너 게임 중독이거든!", "책은 안 보니?"라고 몇 마디를 더 던졌다. 큰아들은 반응하지 않았다. 분이 덜 풀린 나는 방문을 쿵 닫고 나와 버렸다.

게임 한 판을 마치고 나온 큰아이가 대뜸 "엄마! 사과하셔야죠!"라고 했다. 하지 않아도 될 말을 뱉었다는 미안함이나 반성보다는 순간 당황해 "그래, 미안하다"라는 말을 성의 없이 던졌다. 어른스럽지 못한 대처였다. 잘못한 부분을 인정하고, 아이가 어떤 부분을 사과받고 싶은지 물었어야 했다. 그리고 진심으로 사과해야 맞았다. 그다음 아이의 행동으로 불편했던 엄마의 마음을 말하는 게 순서다.

아이와 관련된 많은 생각이 엉켜 굳이 하지 않아도 될 말까지 하게 되었다. 감정에 휩쓸려 버럭버럭하는 엄마보다 이성적인 아들이 백번 낫다는 생각이 들었다. 앞으로 이 아이는 엄마인 나의 말을 신뢰할까? 불안한 마음도 들었다.

생각이 말을 만든다. 말이 행동이 되고, 그 행동이 습관이 된다. 결국, 습관이 인격을 이룬다. 부끄럽지만 이제라도 고백한다. "아들아! 흥분쟁이 엄마가 잘못했다. 감정을 다스리는 어른이 되어 보마!"라고.

《내 아이를 위한 엄마의 대화법》에서는 비록 처음에는 심한 말을 해 아이에게 상처를 주었을지라도 뒷정리를 잘하면 그런 상처는 큰 문제가 되지 않는다며 부모가 먼저 자신의 잘못을 인정하고 아이에게 사과하면 괜찮다고 했다. 이때 아이가 잘못한 점도 함께 지적하면 아이는 부모의 말을 받아들일 수 있을 것이라고 말한다. 부모도 감정이 있어서 화를 낼 수도 있지만 자녀에게 억울한 감정이 생기지 않도록 해야 한다고 덧붙였다.

내뱉는 말도 중요하지만 잘못했을 때 주저 없이 사과하고 반성해야 한다. 우리는 대화 방법에 관심을 기울이고 공부도 많이 한다. 대부분의 관계 맺기가 대화를 통해 이루어지기 때문이다. 타인과의 관계는 그렇게 중요하게 생각하면서 왜 가장 소중한 가족에게는 아무 말이나 쉽게 내뱉는 독설가가 되어 갈까? 남편과 아내, 부모와 자식의 관계는 아주 특별하고 특수한 관계다. 이 소중한 관계가 말 때문에 깨지는 일은 없어야 한다.

서로의 말로 인해 관계가 소원해지거나 심지어는 인연을 끊는 경우도 볼 수 있다. 몇 년 전 한 단체에서 만나 친분을 유지하며 지낸 지인이 있었다. 언제나 밝고 긍정적인 마인드로 주변에 에너지를 주는 사람이었다. 지금은 그 좋던 관계가 끊어지고 말았다. 확인되지 않은 인신공격성 발언이 화근이 되었다. 못 들은 척하면 그만이겠지만 대인관계에서 상호작용이 없는 관계 유지는 무의미하다고 본다.

만날 때마다 그가 뱉었던 말이 생각났고 결국 가까이하기 싫은 대상이 되고 말았다. 진정성 있는 사과도 없이 문자로 보내온 "미안하다"라는 말은 듣지 않은 것만 못했다. 결국, 점점 사이가 멀어지고 우리의 관계는 단절되고 말았다. 말은 상대의 마음을 움직이게 하는 힘을 가지고 있다. 그 때문에 말할 때는 감정을 제어하고 품위 있게 전달해야 한다. 사람과의 관계에서 상대방과 주고받는 말의 힘은 참으로 대단하기 때문이다.

"선생님! 우리 집에 공룡 치킨 너겟 먹으러 와요!" 하원하면서 민동이가 해준 말이다. 기분이 좋아지면서 벌써 치킨 너겟을 먹은 것처럼 배가 부른 느낌이다. 세 살 아이의 표현이 맞나 싶을 만큼 완벽한 말솜씨다.

민동이에게는 요새 폭발적인 발화가 일어나고 있다. 옹알이를 쉬지 않고 하더니, 모든 사물의 이름을 하나하나 짚어 가면서 말하기 시작했다. 단어를 익히고 문장을 쏟아냈다. 최근에는 완벽하게 이야기 구조로 대화한다. 신기하기까지 하다.

민동이 엄마는 1년 동안 육아휴직을 받고 민동이를 키우는 데 집중했다. 결혼 7년 만에 얻은 아이여서 잘 키우고 싶은 욕심이 남달랐다. 그러다 민동이가 돌이 지날 무렵 복직을 결정했고 이후 내가 운영하는 어린이집에 입소하게 되었다. 민동이의 언어 발달에는 엄마의 양육 방법이 큰 몫을 했다고 생각한다. 민동이의 발달 단계에 맞춰 최대한 엄마표 맞춤 육아를 실천한 것이다.

민동이 엄마는 민동이가 말을 막 배울 즈음부터 현재까지도 아이가 말을 마칠 때까지 들어주기가 습관이 된 사람이다. 말을 못 알아듣거나 속도가 조금 늦어도 채근하지 않고 아이의 말을 끝까지 들어준다. 작은 표현도 놓치지 않고 즉시 반응해준다. 민동이를 믿고 민동이의 궁금함 속에 함께 빠져준다. 민동이에게도 이런 엄마의 따뜻한 마음이 고스란히 전해졌을 것이다. 그래서 마음 놓고 세상을 향한 호기심을 풀어낼 수 있었을 것이다.

그렇게 민동이는 엄마를 믿고 쉼 없이 자신의 생각을 이야기하는 아이로 성장하고 있는 것이다. 육아에는 부모의 마음가짐이 무엇보다 중요하다. 아이가 마음 놓고 수다쟁이가 될 수 있도록 아이의 위치에서 함께 성장해가자.

그 밖에도 민동이 엄마는 생활 속에서 아들에게 끊임없는 언어 자극을 주고 있다. 등·하원길 자동차에 앉아서 차창 밖으로 보이는 풍경을 말로 표현해 주는 일을 게을리하지 않는다. 색깔을 어렴풋이 익힌 민동이에게 초록 신호등과 빨강 신호등을 알려 준 사람도 민동이 엄마다. 요즘 공룡에 푹 빠진 아이를 위해 공룡 모양 치킨을 저녁 식탁에 올려주는 엄마다.

아이의 행동, 놀이, 느끼는 감정도 놓치지 않고 언어적인 상호작용을 하면서 민동이를 키우고 있다. 이러니 민동이의 언어 능력이 풍성해지는 것은 당연하다.

러시아의 심리학자 레프 비고츠키(Lev Semenovich Vygotsky)가 주장한 언어적 사고이론이 있다. 2세경이 되면 독립적으로 발달해오던 언어와 인지가 서로 돕는 단계에 이른다는 것이다. 이 시기 아이들이 사물을 대할 때마다 "왜?", "이게 뭐야?"라고 질문하는 이유다. 그렇게 단어의 상징적 기능을 깨닫게 되고 어휘 수가 급속도로 증가하게 된다. 영유아는 모든 사물에 이름이 있다(단어의 상징적 기능)는 것을 깨달으면서 새로운 사물을 대할 때마다 끊임없이 "이게 뭐야?"와 같은 질문을 던지는 것이다. 영유아의 어휘 수가 급속도로 증가하는 이유가 여기에 있다.

영유아 시기에 부모와 교사는 공감과 경청으로 아이의 폭발적인 언어 능력을 키워줘야 한다. 아이의 머릿속에 숨겨져 있는 복잡한 단어와 표현 방법들을 사용하고 표현할 수 있게 도와주어야 한다.

경청과 공감은 아이와의 대화뿐만 아니라 모든 사람과 소통하는 데 꼭 필요하고 소중한 대화 기술이다. 오늘부터 당장 애정을 한 스푼 듬뿍 넣은 따뜻한 대화를 아이와 나누자. 가장 가까운 내 아이와 가족에게 달달한 대화를 실천해보자. 대화의 질이 변화되면 삶의 질이 달라진다.

3장

칭찬과 훈육에도
원칙이 필요하다

기질과 욕구를 이해하라

하면 할수록 힘든 것이 아이를 키우는 일일 것이다. 아이와 함께 지내다 보면 '내 아이지만 도대체 이해를 못 하겠다'라며 힘들어하는 엄마를 만나게 된다. 아이를 잘못 키우는 것은 아닌지, 양육 태도에 문제가 있는 것은 아닌지 고민을 하기도 한다. 육아서를 정독하거나 주변 선배들의 육아 노하우를 따라 하기도 한다. 같은 방법대로 시도해보지만 자신의 아이에게는 맞지 않을 때가 있다. 이것은 아이의 기질이 저마다 다르기 때문이다. 나 역시 아들 둘을 키우면서 둘이 너무 다른 모습들을 종종 경험하게 된다.

자신의 아이와 잘 맞는다는 부모도 의외로 많이 있다. 아이의 기질과 부모의 기질이 조화를 이루는 경우다. 육아가 훨씬 수월하고 재미도 느끼게 된다. 이처럼 아이의 기질을 존중하고 기질에 따라 적당한 육아방법을 찾을 필요가 있다.

기질은 태어날 때부터 신경전달 물질에 의해 결정되는 개개인의 특징이다. 타고난다는 점에서 환경의 영향을 받는 성격과는 다른 개념으로 볼 수 있다. 때문에 아이의 기질을 좋다, 나쁘다라고 구분해서는 안 된다. 다만 저마다 다른 특성을 가지고 있다는 것을 이해하고 아이의 강점과 약점을 파악하는 것이 중요하다. 일상생활에서 아이를 관찰하다보면 기질의 차이를 알아볼 수 있는 경우가 많다.

성격 분야 연구의 권위자인 미국의 정신의학자 로버트 클로닝거 (Robert Cloninger) 박사는 외부 환경에서 오는 자극에 대한 반응 정도에 따라 사람의 기질을 위험 회피 기질, 자극추구 기질, 보상 의존 기질, 가속성 기질 4가지로 구분했다.

위험 회피 기질

위험 회피 기질을 가진 아이들은 돌다리도 두드려보고 건너는 타입이다. 위험하고 자극적인 것에 선뜻 다가서기가 어려운 경우이다. 낯선 사람, 낯선 물건 등을 겁내고 무서워하는 경향을 띤다. 우리가 쉽게 말하는 너무 신중하고 내성적인 성향을 가진 경우라고 볼 수 있다.

대부분의 아이들이 체육활동 시간을 좋아한다. 매주 1회씩 전문

강사가 어린이집으로 방문해 체육수업을 진행한다. 남자 강사인 경우가 대부분이다. 현수는 적응 기간을 마치고 어린이집 생활이 익숙해진 상태였다. 어린이집 선생님들과는 상호작용도 잘하고 밝은 아이다. 그런데 그 재밌다는 체육수업 시간만 되면 힘들어진다. 교실을 옮기는 것도 어렵고 남자 선생님을 만나는 것은 더 힘들어한다. 결국 울면서 체육활동에 참여하지 못하는 경우도 생겼다. 선생님이 함께 있어주지만 아직 조심스럽고 두려운 건 여전했다.

체육수업 시간이면 힘들어지는 현수를 데리고 복도로 나왔다. 창을 사이에 두고 체육놀이 하는 모습을 지켜보는 것으로 시작했다. 새로운 것에 대한 시도가 아직은 두려운 현수의 마음을 읽어주는 것이 중요했다. 몇 차례 복도에서의 구경을 마치고 교실로 들어갈 수 있었다. 선생님 무릎에 앉아 친구들의 활동 모습을 지켜보는 것이 두 번째 시도였다. 다행히 체육 선생님을 보고 우는 모습은 사라졌다. 1학기를 거의 마쳐갈 즈음에야 현수는 체육시간에 스스로 참여하기 시작했다. 안전하고 익숙해져야 편안하게 참여할 수 있는 기질의 현수를 이해하면 된다. 현수는 이제 체육 선생님과 '하이파이브'도 할 수 있는 적극적인 아이가 되었다.

자극 추구 기질
자극 추구 기질의 아이는 언제나 파이팅이 넘쳐서 몸이 먼저 반응하는 경우다. 모든 것에 호기심이 많아서 도전도 두려워하지 않는다.

대부분 긍정적인 성향으로 에너지가 넘친다. 긍정적이면서 밝은 에너지를 가지고 있는 경우가 많다. 조직에서도 리더가 되는 경우가 대부분이다. 밝고 긍정적인 성향 때문에 가끔은 산만하고 인내심이 부족하다는 말을 듣는 경우도 있다. 이런 기질의 아이와 외출이라도 하게 되면 부모는 긴장하게 된다. 아이의 호기심이 언제 발동할지 모르기 때문이다.

보상 의존 기질

태희는 평소에 친구들에게 따뜻하게 대하는 아이였다. 말로 표현하는 것도 탁월해서 태희와 말하는 시간이 늘 즐거웠다. 태희 주변에 친구들이 많은 것도 그 이유에서였다. 그런데 올해 여동생이 태어나고서는 안 보이던 행동을 하기 시작했다. 동생에게 모든 관심이 집중되면서 주변의 관심을 끌기 위한 방법으로 일시적인 퇴행 현상은 흔히 나타난다. 하지만 태희의 경우는 조금 달랐다. 친구들의 놀이를 방해하기 시작했다. 주의를 주면 사과를 하면서 행동이 잘못되었음을 곧잘 인정한다. 그때뿐이란 것이 문제였다. 친구들이 재미있게 노는 것을 용납하지 않았다. 뺏고 부수고를 반복하면서 분위기를 흐트러뜨려야 직성이 풀리는 경우가 반복됐다. 어떤 경우는 수긍하다가도 한번씩 달래기 어려울만큼 심하게 우는 경우도 있다. 담임선생님과 함께 관찰하면서 수정할 방법을 고민해보기로 했다. 원래 친구들과 잘 지내던 태희였기 때문에 잘못된 행동에 대한 지적보다는 칭찬하는 방법을 택했다.

"태희야! 친구들하고 놀고 싶으면 같이 놀자고 하면 좋지 않을까?" 하고 물었다. 태희의 대답에서 해답을 찾을 수 있을 것 같았다. "안 된다고 할 걸요?"라고 대답했다. 동생이 태어나면서 많은 부분에서 통제와 제재를 받으면서 지내고 있음을 알 수 있었다. 나는 다시 물었다. "왜 그렇게 생각해?" 엄마도, 할머니도, 아빠까지도 모두 안 된다고만 한다는 것이다.

태희의 경우 보상 의존 기질로 칭찬과 인정을 받고 싶어하는 욕구가 강한 기질의 아이였던 것이다. 나는 태희의 마음을 읽어주려고 노력했다. 틈만 나면 별 것 아닌 일에도 칭찬해주려고 애썼다. 깍두기도 잘 먹는다는 칭찬을 받은 태희의 밝은 웃음을 잊을 수가 없을 정도다.

그리고 나는 엄마와 상담을 했다. 태희와 둘만의 시간을 가져주실 것을 당부드렸다. 동생이 태어나면서 그동안 누려왔던 당연한 권리인 가족의 사랑을 잃었다고 여길 것이라고 말했다. 어쩌면 태희에게는 엄마 아빠가 생각하는 것 이상으로 가족 간의 관계가 중요한 것이었을 수도 있다고 말했다. 일시적일 수 있지만 문제행동

으로 나타나는 건 태희가 힘들다는 뜻이고 도움이 필요하다는 시그
널일 수 있다고 말했다.

그 후로 태희네 가족은 한 달에 한 번 동생은 외가에 맡기고 엄
마와 태희만의 시간을 보낸다고 했다. 거창한 계획이 아니어도 태
희에게 가족의 사랑이 전해지면 그것으로 되는 것이다. 태희의 밝
은 웃음이 곧 돌아올 거라고 믿는다. 아이는 어른이 믿는 만큼 자라
는 존재기 때문이다.

지속성 기질

지속성 기질의 아이는 인내심이 강하고 집중력이 돋보인다. 무
슨 일을 하면 끈기 있게 노력해서 마무리하려는 성향을 지닌다. 승
부욕이 강한 대신 지는 것에 대해 두려워하기 때문에 완벽주의에
빠지게 되는 경우도 더러 있다. 어떤 행동에 대한 보상을 받았을 경
우 그 행동을 끈기 있게 지속하려는 특징을 보인다. 힘들거나 불편
함도 감수하며 지속하려고 노력한다.

아이들은 자는 모습, 식습관, 놀이 방법까지 저마다 특징적인 개
성과 행동을 보이면서 자란다. 일란성 쌍생아인 경우에도 타고난
기질은 다르기 때문이다. 아이의 기질을 인정하고 아이의 기질에
적절한 육아방법을 터득해가는 것이 중요하다. 아이의 특징을 이해
하면 아이의 아이다움이 새롭게 보인다. 채근하고 질책하기보다는
새로움에 대한 발견의 시간이 된다. 자녀의 기질을 인정한다는 것

은 각각 다른 개인 차를 고려한다는 것이다. 개인차가 인정되고 관심 속에서 자란 아이는 자존감이 높아진다. 자신이 발휘할 수 있는 능력의 가치를 스스로가 높이 평가한다.

다양한 경험을 하게 될 아이의 삶에 정답은 없다. 어떤 경우이건 아이의 기질을 이해하고 인정하는 부모가 되어주어야 한다. 부모의 인정이야말로 아이가 믿고 앞을 향해 걸어가게 하는 나침반이다.

구체적으로 칭찬해라

   '칭찬은 고래도 춤추게 한다'라는 말이 있다. 동물들에게도 칭찬을 해주면 예쁜 행동을 하려는 모습을 볼 수 있다. 사람은 누구나 인정받고 싶어하는 욕구를 가지고 있다. 누군가에게 받은 칭찬으로 기분 좋았던 경험은 대부분 가지고 있을 것이다. 칭찬은 받는 사람뿐만 아니라 하는 사람에게도 긍정적인 영향을 미치는 것이 사실이다. 그렇다면 고래도 춤추게 한다는 칭찬을 우리는 어떻게 하고 있을까?

   내가 몸 담고 있는 보육현장에서는 짧은 2월이 더 빠르게 느껴진다. 학기를 마치고 새로운 한 해를 시작하기 위해 눈코 뜰 새 없이 바쁜 시간을 보낸다. 마지막 주가 되면 1년간 함께 보낸 아이들이 수료를 한다. 진급을 하거나 전원을 하는 경우도 있고 졸업을 해서 유치원생이 되기도 한다. 그때면 첫 번째 이별을 앞두고 매해 기념 될만한 이벤트를 만들고는 한다.

작년에는 한 명 한 명 개성이 강한 아이들에게 칭찬의 마음을 담아 상장을 만들어줬는데 모두 만족스러워했다. 적당히 정할 수가 없어서 나는 동료 교사들에게 제안했다. 함께 지내는 동안의 관찰 기록과 사진 등을 활용하면 좋은 아이디어가 떠오를 거라고 말이다. 선생님들은 진지하게 고민하면서 그 친구에게 꼭 어울리는 상장과 문구를 만들어냈다.

"선생님! 아이들을 제대로 파악하고 계신데요? 상장만 봐도 어떤 친구인지 알겠어요!"라고 말했다. 물론 칭찬이다. 그리고 선생님들은 이번 업무를 하는 동안 자신을 돌아보는 계기가 되었다고도 했다.

칭찬은 인간관계에 있어서 영향력을 미치는 중요한 기술이다. 간혹 두루뭉술하게 "잘했어!"라는 칭찬을 남발하는 경우를 보게 된다. 이럴 때는 잘하긴 잘할 것 같은데 뭘 잘했다는 건지 헷갈릴 수 있다. 자신이 잘한 것과 칭찬하는 상대가 본 것이 다를 수도 있기 때문이다. '무엇을 어떻게 왜 잘했는지' 육하원칙에 따라 칭찬하는 연습도 도움이 된다.

아이들은 대부분 바깥 놀이를 즐거워한다. 그중에서도 모래놀이

터에서 노는 시간을 좋아하는 편이다. 모래놀이 하는 동안에는 주의를 더 기울여야 한다. 자칫해서 모래를 뿌리고 놀게 되면 눈에 들어가거나 위험한 상황이 될 수 있기 때문이다. 그래서 선생님들은 긴장하면서 놀이를 지켜보게 된다. 뒷정리도 오래 걸리는 것이 사실이다. 신발이며 옷가지마다 모래의 흔적들이 고스란히 남아있을 때가 많다.

진표는 요즘 친구들과 함께 하는 놀이에 참여하기가 힘들어질 때가 있다. 언제나 먼저 해야 하고, 놀이 규칙을 잘 지키지 않거나 훼방을 놓는 것으로 놀이를 망치는 경우가 있기 때문이다. 그렇기 때문에 친구들이 놀이에 끼워주질 않는다. 며칠 전 일이다. 진표가 서럽게 울고 있어서 찾아갔다. 무슨 일이냐고 물었더니 "친구들이 안 놀아줘요!"라고 대답한다.

진표 입장에서는 속상하고 서러울 일이 맞았다. 반 친구들은 규칙을 지키지 않는다며 진표의 잘못을 이야기하느라 바빴다. 들어보니 그 말도 맞았다. 놀이 규칙을 잘 지켜야 재미있게 오래 놀 수 있다는 걸 아이들은 이미 잘 알고 있었다. 나는 진표를 꼭 안아주면서 귀에 대고 작게 말했다. "모래놀이는 얼굴 아래에서 하는 것이 규칙이지. 진표가 규칙을 잘 지킨다는 걸 보여줄 수 있겠니?"라고 말이다. 진표가 고개를 끄덕여줬다.

나는 진표에게 칭찬해줬다. "우와! 우리 진표가 모래놀이 규칙을 지킨다고 하니 대단한데? 선생님도 기분이 좋아져!"라며 어서 친구들에게 알려주자고 제안했다. 다시 모래놀이를 시작한 진표는 놀이가 끝날 때까지 규칙을 지키며 안전하게 놀이를 마칠 수 있었다. 놀이 지도 시 대부분 위험하거나 하면 안 되는 부분에만 치중해 전달하게 되는 경우가 종종 있다. 물론 중요한 부분이다. 하지만 진표의 경우처럼 놀이가 잘 이뤄지는 순간을 놓치지 말고 칭찬해줄 필요가 있다. 잘할 때도 있었을 텐데 잘못하고 있을 때만 지적받는 느낌이 들 수도 있다.

구체적으로 칭찬해야 한다는 의미는 잘잘못을 따지라는 것이 결코 아니다. 칭찬을 하되, 노력 과정이나 행동의 변화 과정 등을 칭찬해주자는 것이다. 진표는 당분간 모래놀이 규칙만큼은 잘 지키는 아이가 될 것이 분명하다. 칭찬은 긍정적인 행동을 강화하는 역할을 한다. 칭찬을 받으면 칭찬받은 부분은 지키고 싶은 것이 사람의 마음이다. 특히 아이의 경우 부모나 선생님으로부터 칭찬받은 경험을 바탕으로 자존감 높은 아이로 성장해나간다.

너무 더웠던 지난여름, 나는 네 살 반 보육실에서 아이들과 함께 놀이에 참여하고 있었다. 다희와 함께 공룡 이야기를 하면서 레고 블록으로 쥐라기공원을 만들고 있었다. 한참 함께 놀이 중이던 다희가 나에게 물었다. "선생님! 손이 왜 이렇게 쭈글쭈글해요?"라는 것이다. 순간 나도 모르게 왼손이 오른손등을 감싸게 되었다. 나는 무심코 대답했다. "아! 이제 할머니 되려고 그러나 봐!"라고 말이다. 그렇게 놀이는 끝이 났고 다희와의 일도 그냥 잊어버리고 있었다.

그날 오후 귀가 전에 다희가 나를 불러 세웠다. 이리 와보라며 손짓을 하는 것이다. 나는 다희네 교실로 들어가 앉았다. 로션을 바르다가 주름 잡힌 내 손이 생각이 났는지 남은 로션을 내 손등에 비벼주는 것이다. 와! 혼자 느끼기엔 너무 아까운 감동스러운 순간 이었다. 그리고 한마디 덧붙여주는 것이다. "원장선생님! 할머니 되지 마세요!"라고 말이다. 나는 다희를 꼭 안아주며 "그래! 천천히 할머니 될게, 고마워!"라고 대답해줬다.

나와 나눈 이야기를 놀면서도 문득 생각하고 있었다는 것이 고 맙기도 하고 미안하기도 했다. 그래서 아이 앞에서는 한마디 한마 디 신중하게 말을 해야 한다는 것을 다시 한번 느꼈다. 나는 다희 부모님께 다희와 있었던 에피소드를 알렸다. 그리고 칭찬해달라는 부탁도 남겼다. 내가 좋아했던 만큼 부모님에게도 칭찬을 받게 되 면 다희는 앞으로 살아가는 동안 상대방을 따뜻하게 대하는 마음을 장착하고 자라나게 될 것이 분명하다. 나는 천천히 할머니가 되어 가기로 한 숙제를 안고 행복하게 하루를 마무리했다. 지금도 로션 을 손등에 바를 때마다 다희의 고마운 말이 생각나면서 미소를 짓 게 된다.

갓 돌이 지난 영재는 요즘 뚜껑이 있는 놀잇감에 뚜껑을 열고 닫는 재미에 푹 빠졌다. 시도도 못해봤던 영역이었다. 어느 날 반쯤 열려있는 놀잇감을 돌려보다가 뚜껑이 열리는 걸 경험했다. 그 뒤로 스스로 뚜껑을 열어보려고 노력 중이다.

한두 번 해보다 말겠지 했는데 하루 중 꼭 한 번 이상 성공을 꿈꾸면서 놀이에 집중하는 모습이 여간 귀여운 것이 아니다. 선생님은 가만히 지켜보다가 포기할 것 같은 순간에 살짝 도움을 준다. 그 순간 영재의 노력이 빛을 발하면서 '짜잔!' 하고 뚜껑이 열린다. 그리고 스스로 박수를 치면서 좋아한다. 지켜보던 선생님도 영재만큼이나 신나있다. "우와! 우리 영재가 그렇게 어려운 주전자 뚜껑 열기를 해냈네!" 하면서 폭풍 칭찬을 쏟아준다. 그 후로도 '이렇게 돌리면 되는구나', '이럴 때는 잘 안되네!', 천천히 해야 되는구나'라며 쉬지 않고 영재를 응원하고 있었다. 영재는 이제 뭐든지 해보려고 노력하는 아이가 될 것이다. 선생님을 믿고 어려움도 이겨내는 당당한 아이로 성장해갈 것이 분명하다.

선생님의 칭찬 기술에 나는 '역시' 하며 엄지손가락을 치켜세워줬다. 아이의 행동을 성실하게 지켜보고 아이가 할 수 있는 부분까지 지지해준 선생님의 역량을 진심으로 칭찬하고 싶었다. 아이의 행동을 읽어주면서 아이가 노력한 부분에 대해 함께 기뻐하고 칭찬해줄 수 있는 일은 부모나 교사만이 누릴 수 있는 특권을 마음껏 즐기기를 바란다.

격려는 마음의 보약이라고 했다. 우리는 많은 순간 칭찬과 격려를 주고 받으며 살아간다. 제대로 칭찬하는 방법을 알고 칭찬과 친해지는 삶은 관계뿐만 아니라 윤택한 삶을 살아가는 중요한 요소가 된다. 칭찬은 삶의 비타민과도 같은 것이니까 말이다.

《칭찬은 고래도 춤추게 한다》의 저자 켄 블랜차드(Ken Blanchard)가 말한 칭찬 10계명을 생활 속에서 활용되길 바란다. 칭찬은 고래는 물론, 사람도 춤추게 한다.

① **칭찬할 일이 생겼을 때 즉시 칭찬하라.**
② **잘한 점을 구체적으로 칭찬하라.**
③ **가능한 한 공개적으로 칭찬하라.**
④ **결과보다는 과정을 칭찬하라.**
⑤ **사랑하는 사람을 대하듯 칭찬하라.**
⑥ **거짓 없이 진실한 마음으로 칭찬하라.**
⑦ **긍정적으로 관점을 전환하면 칭찬할 일이 보인다.**
⑧ **잘못된 일이 생기면 관심을 다른 방향으로 유도하라.**
⑨ **일의 진척이 여의치 않을 때 더욱 격려하라.**
⑩ **가끔 자기 자신을 스스로 칭찬하라.**

훈육과 학대 사이에서
헤매지 마라

아동권리헌장 전문이다. '모든 아동은 독립된 인격체로 존중받고 차별받지 않아야 한다. 또한 생명을 존중받고 보호받으며 발달하고 참여할 수 있는 고유한 권리가 있다. 부모와 사회, 국가와 지방자치단체는 아동의 이익을 최우선적으로 고려해야 하며 아동의 권리를 확인하고 실현할 책임이 있다.'

어린이집에서 가장 강조하는 부분은 '영유아 존중'이다. 비단 어린이집에서만이 아닌 우리가 살아가는 순간순간 되새겨야 할 핵심 가치임은 분명하다.

옛말에 '미운 자식은 떡 하나 더 주고 예쁜 자식은 매 한 번 더 치라'라는 말이 있다. 이는 아이를 잘 키우려는 부모들의 희망이 담긴 말이다. 하지만 어떤 경우에도 체벌은 정당화될 수 없음을 우리는 알고 있다. 부모의 경우 자녀를 상대로 얼마나 많은 훈육을 하고 있는지 돌아볼 필요가 있다. 부모 대부분이 생각하는 훈육이 아이 입장에서는 체벌과 학대가 되고 있지는 않은지 고민해볼 필요가 있겠다.

훈육은 어른이라는 강자가 어린이라는 약자에게 행해지는 것이다. 하지만 대부분의 부모가 자녀를 양육하면서 체벌을 체벌이 아닌 훈육이라고 단정 짓는다. 훈육은 자녀의 잘못된 행동에 대해 수정하기 위한 방법으로 사용되고 있다. 특히 체벌은 다른 훈육 방식보다 바로 효과가 나타나는 것 같은 착각을 하게 만든다. 잘못된 행동에 대해 꾸중을 들었을 때 스스로 잘못을 인정하게 된다면 체벌이라고 생각하지 않을 수 있다. 그러나 잘못된 행동에 대한 반성이나 후회보다는 오히려 아이의 마음에 상처만 남게 된다. 더러는 반항심이 생기거나 엇나가게 되는 경우도 생길 수 있다.

"제가 사랑이 때문에 못 살겠어요!" 하면서 사랑이 엄마가 투덜거렸다. 사랑이는 네 살된 여자아이다. 요즘 들어 사랑이가 어린이집에 등원을 신나하지 않아 걱정하고 있던 참이었다. 당연히 놀이에 즐겁게 참여하지도 못했다. 잠투정도 유독 심해졌고 툭하면 짜증을 부리기도 한다. 담임선생님이 도움을 줘도 한마디에 목 놓아

울어버리는 것으로 감정을 표출하고는 했다.

　나는 선생님과 함께 사랑이를 관찰해보기로 했다. 사랑이에게는 두 살 아래 남동생 우주가 있다. 우주는 요새 아장아장 걸음마를 시작하면서 귀여움의 끝판왕이 되었다. 우주를 바라보는 엄마의 눈에서는 언제나 꿀이 뚝뚝 떨어진다. 사랑이도 우주를 대할 때와 자신을 바라보는 엄마의 태도가 다르다는 걸 느꼈던 것 같다. 사랑이가 엄마에게 말을 건네도 눈은 우주에게 둔 채 건성으로 대답하고는 했으니까 그럴 만도 했다.

　사랑이는 엄마의 관심을 받기 위해 미운 아이가 되는 것을 선택한 것이다. 혼자 잘 신던 신발도 엄마가 신겨줄 때까지 꿈쩍하지 않고 기다린다고 했다. 배변훈련을 완벽하게 마친 아이가 옷에 실수하는 횟수가 부쩍 늘었다. 잠투정은 말로 할 수 없을 만큼 심해졌다. 어린이집에서도 놀이를 할 때 친구가 재미있게 놀고 있으면 꼭 훼방을 놓아야 직성이 풀렸다. 선생님이 주의를 주거나 제재하기라도 하면 '옳다구나' 싶은지 우는 것으로 존재감을 알려온다.

　하루는 심하게 소리를 지르며 우는 것으로 잠투정을 하고 있었다. 다른 아이들도 쉬어야 하는데 방해가 될 것 같아 사랑이반 교실로 들어갔다.
　"엄마가 우주하고만 놀아주지?", "사랑이도 엄마하고 놀고 싶은

데 안 놀아줘서 속상했지." 사랑이를 토닥여주며 달래줬다. 우선 어떤 것이 사랑이의 마음을 불편하게 하는지 읽어주려고 노력했다. 사랑이가 울음을 그치고 고개를 끄덕였다. 울고 보채면 누구든 올 것이란 것을 사랑이는 알고 있었다. 오롯이 자신만 바라봐주고 자신에게만 관심을 쏟아주는 순간이 만족스러웠던 모양이었다. 나는 사랑이를 토닥이며 엄마에게 잘 말해주겠다고 약속했다.

사랑이 엄마는 얼마 전 사랑이가 스마트폰에 집착하는 것을 걱정스러워했다. 스마트폰을 뺏고 던져버리기까지 해도 휴대전화를 가지려고 고집하더라는 것이다. 엄마가 우주하고 노는 동안 사랑이는 스마트폰과 놀았을 것이다. 그만하라며 스마트폰을 뺏고 던져버렸으니 사랑이도 충격이었겠다 싶었다. 스마트폰을 허락했던 엄마가 이번에는 격하게 혼낸 것이다. 사랑이 엄마가 자초한 일이다. 사랑이가 보이는 울며 떼쓰기는 엄마에게 관심을 받기 위해 사랑이가 선택한 방법일 것이다.

부모로서 우리가 할 일은 비평하고 점수를 매기거나 체벌을 하는 것이 아니다. 부모라는 강자의 힘을 내려놓고 아이를 진심으로 사랑하고 공감해주는 일이다. 아이가 아이의 인생 그 자체를 살아가도록 격려하고 지지하는 일이다.

누구나 한번쯤은 읽었을 생텍쥐페리(Saint Exupery)의 《어린왕자》에 나오는 여우와 어린왕자가 나눈 대화의 일부다.

'그런데 도대체 길들인다는 게 뭐야? 넌 아직 나한테는 수많은 다른 아이들과 조금도 다를 바 없는 한낱 꼬마에 불과해. 그러니까 난 네가 필요 없고, 너 역시 내가 필요 없을 거야. 너에겐 내가 수많은 다른 여우와 똑같은 여우에 불과할 테니까. 하지만 만약 네가 나를 길들인다면 우리는 서로 필요한 존재가 돼. 나에게 넌 이 세상에 단 하나밖에 없는 존재가 될 테고, 너에게 난 이 세상에 단 하나뿐인 존재가 될 거야.'

나는 지금 육아라는 여정에서의 소통에 관해 이야기하고 있다. 아이를 키우는 과정은 어쩌면 여우와 어린왕자의 깨달음처럼 길들이기의 과정일 것이다. 부모와 자녀 사이에서 세상에 하나뿐인 특별한 존재가 되기 위한 훈련이다. 하지만 길들이기의 방법이 훈육과 체벌이 되어서는 안 된다.

최근 한 연구에 따르면 부모에게 또는 학교에서 체벌을 당하면서 자란 아이들은 사람을 때리고, 한번 때리기 시작하면 더 자주 때리게 되며 강도도 세지는 것을 볼 수 있다. 폭력은 폭력을 부르고 결국 자신의 아이까지 학대하는 대물림이 되기도 한다.

어린이집에서는 주 1회 블록 놀이를 특별활동으로 하고 있다. 개

별 블록을 준비하고 강사가 활동을 시작할 때까지 기다려야 한다. 하지만 아이들에게 기다림은 형벌과도 같다. 그것도 만지고 싶은 놀잇감을 눈앞에 두고 기다려야 한다는 것은 힘들 수밖에 없는 일이다.

민재는 강사가 시작 사인을 보내기 전에 기다리지 못하고 블록 박스를 만지며 놀이를 시작했다. 선생님과의 약속을 지키지 못한 것이다. 강사는 민재에게 제일 마지막까지 기다렸다가 블록을 완성하도록 지시했다. 화가 난 민재가 블록을 흩트리며 울기 시작했다.

강사도 담임교사도 난처한 상황이 됐다. 뒤이어 강사의 한마디가 이어졌다. "민재 뚝 하세요!" 나는 깜짝 놀랐다. 뚝하란다고 해서 뚝 그칠 수 있는 것은 인형이나 가능한 일이다. 하물며 어린이집에 파견되는 전문 강사의 입에서 아이를 달랜다는 언어 표현이 나에게까지 불쾌하게 들렸다.

어린이집 원장들 대부분은 울음소리가 나면 몸이 먼저 반응한다. 나는 블록 수업이 한창인 민재네 교실로 들어갔다. 중간에 수업의 맥을 끊는 것 같아 지켜보려고 했지만 강사의 상호작용이 영맘에 들지 않았다.

나는 울고 있는 민재 옆에 앉아 강사의 지시대로 블록 조작을 함께 하며 잠깐의 시간을 보냈다. 민재도 워낙 좋아하는 놀이라 얼마 후 눈물을 그치고 수업에 합류했다. 내가 중간에 교실로 들어간 것은 지도 강사가 뚝하라는 말을 반복할 것 같은 노파심에서였다. 대부분 본인도 모르는 사이에 훈육의 탈을 쓴 체벌을 자행하게 된다.

직접적으로 때리는 부분에 대해서만 체벌이나 학대로 생각하는 경우가 더러 있기도 하다. 이는 우리나라에서는 '회초리 문화'라는 체벌문화가 있듯이 체벌에 대해 관대한 문화가 만들어낸 병폐다.

아동학대의 유무를 따지는 과정에서 많은 학대 가해자들이 훈육의 목적으로 체벌했다는 의견을 말하고는 한다. 감정이 들어간 훈육은 그 목적이 어떤 것이라고 해도 체벌이며 학대다. 이러한 훈육은 시작도 하지 말아야 한다.

또한 훈육과 학대 사이가 모호하다는 의견, 명확히 하자는 등의 의견들 자체가 어쩌면 학대 가해자가 될 수 있음을 기억해야 한다.

가장 특별한 관계를 위한 서로 간의 길들이기는 훈육이 아닌 공감과 경청임을 잊지 말자.

선생님과 조력자로 지내라

　작은아이는 코로나19와 함께 초등학교 졸업과 중학교 입학을 경험했다. 비대면 수업으로 전환되면서 6학년 때는 며칠 등교하지도 못하고 졸업을 맞이했다. 새해 인사도 드릴 겸 6학년 담임선생님께 안부 메시지를 보냈다. 답장을 기대했던 것은 아니었지만 선생님은 답장을 주셨고 아이의 안부도 물어오셨다. 아이들을 그렇게 졸업시킨 것이 아쉬워서 조만간 아이들과 식사 자리라도 마련하고 싶었다고 하셨다. 졸업한 아이를 잊지 않고 기억하는 것도 감사했고 자리를 만들겠다는 말씀도 감동적이었다.

　아이들이 초등학교에 다니는 동안 나는 스승의날을 꼭 챙기는 편이었다. 선물을 드리거나 하는 것이 아니고 손편지를 보내거나 문자메시지로 안부를 남기고는 했다. 나는 특히 사람 이름을 잘 기억하는 편이다. 큰아들의 1학년 때 담임선생님은 연세가 지긋하신 여자 선생님이셨다. 선생님이 생각하시는 바른 어린이로 키우고 싶어하는 분이셨다. 수업시간엔 뒤돌아볼 수도 없었고 복도에서 뛰기라도 하면 엄격하게 꾸짖으셨다. 1학년 아이들에게는 무서운 선생님으로 통할 정도였다. 큰아이에게 기억나는 선생님을 물으면 무서웠던 선생님으로 그분을 빼놓지 않는다. 나는 5월 15일 스승의 날을 기념하면서 아이들 선생님 한 분 한 분께 감사 인사를 드린다. '선생님 덕분에 벌써 중학생이 되었다'라는 식의 아이의 성장 정도를 말씀드린다.

선생님 대부분은 감사 인사를 건네시면서 아이와의 추억을 말씀하신다. 아이 또한 그때로 돌아가 담임선생님과 반 친구들과 지냈던 일들을 추억하고는 한다.

사람은 추억을 먹고 산다고 했다. 아이가 만나온 선생님들 대부분이 아이에게 지대한 영향을 끼쳤을 것이 분명하다. 아이와 선생님과의 따뜻한 관계 맺기에 나의 안부 인사가 일조했다는 생각이 들어 뿌듯해진다.

새 학기를 준비하면서 매해 3월이 되기 전에 어린이집에서는 오리엔테이션을 진행한다. 내가 근무하고 있는 어린이집에서도 오리엔테이션 준비가 한창이다. 아이가 태어나 처음 접하게 되는 사회생활이 어린이집이다. 부모에게도 그렇겠지만 아이에게 있어서는 엄청난 새로운 경험이다. 주양육자인 부모 외에 다른 타인을 만나고 새로운 환경을 경험하게 된다. 아이의 첫 사회생활인 어린이집을 신중하게 선택해야 하는 이유이기도 하다.

얼마 전 입소 결정 전 상담을 진행했던 일이다. 갓 돌이 지난 남자아이였는데 어린이집은 처음 이용하게 되는 경우였다. 나는 어린이집을 둘러보게 한 후 전반적인 사항을 안내했다. 그리고 궁금한 게 있는지, 가장 염려되는 게 무엇인지를 물었다.

아이 엄마는 어린이집 경험이 없어서 잘 모르겠다며 웃었다. 그리고는 한마디를 이어갔다.

"선생님이 힘들 것 같으면 전화해주세요!"라는 것이다. 처음 들었을 땐 적응 기간 동안을 말하는 줄 알고 나도 미소로 답했다. 그런데 다음 말에 조금 당황스러웠다. "요즘 TV를 보면 선생님이 힘들다고 아이들을…" 하는 것이다. 그때서야 이 엄마가 무슨 말을 하고 싶은지 알 수 있었다. "그렇죠! 요즘 어린이집 인기가 좀 많지요! 곧 좋은 뉴스도 종종 나올 테지요!"라고 대답했다. 대부분의 어린이집에서 수많은 선생님들이 사명감을 가지고 보육에 임하고 있다는 것도 강조해드렸다.

어린이집이 '학교'가 아닌 '집'인 이유는 집과 가장 비슷한 환경이 필요하기 때문인 것 같다는 나의 입장을 이야기했다. 나는 집과 같은 느낌으로 보살핌이 수반되어야 하는 곳이 어린이집이 되어야 한다고 생각한다. 그래서 보육교사 역시 아이를 존중하고 사랑하려는 부모의 마음을 기본 인성으로 장착되어야 한다.

부모와 교사는 '아이의 행복'이라는 공동 목표를 가지고 아이의 성장을 지원하는 파트너가 되어야 한다. 부모만큼 훌륭한 교사는 없다. 아이에 관해서 만큼은 교사와 부모가 하나가 되어야한다. 그래야 목표를 이루고 함께 행복해진다. 이때 가장 중요한 것이 '신뢰'라고 생각한다.

많은 사람들이 성공한 삶을 살기 위해서는 멘토가 있어야 한다고 말한다. 정신적으로나, 내면적으로도 신뢰할 수 있는 현명한 상담 대상이나 지도자를 우리는 멘토라고 부른다.

'멘토'라는 말은 《오디세이아(Odyssey)》에 나오는 오디세우스의 충실한 조언자의 이름인 '멘토르'에서 유래했다. 오디세우스가 트로이 전쟁에 출정하면서 집안일과 아들 텔레마코스의 교육을 그의 친구인 멘토에게 맡긴다.

후에 아테나는 멘토의 모습으로 텔레마코스 앞에 나타나 어머니 페넬로페에게 접근하는 구혼자들을 막고 아버지를 찾아 나설 것을 종용한다. 이때 멘토르가 고민하는 텔레마코스에게 많은 격려와 현실적인 조언을 건넨다. 이로 인해 멘토라는 그의 이름은 지혜와 신뢰로 한 사람의 인생을 이끌어주는 지도자의 동의어로 사용되고 있다.

나의 삶에 멘토는 누구일까 생각해볼 일이다. 멘토라고 해서 꼭 나이가 많거나 대단한 것을 알아야 하는 것은 아니다. 지식을 전달해주는 사람이라기보다는 지혜와 삶의 노하우를 통해 이끌어주는 사람을 의미하기 때문이다.

가끔 "처음 선생님인 원장님이 아이 키우는 데 있어서는 멘토세요!"라는 고마운 말을 전해오는 부모님이 계신다. 듣기 좋으라고 하는 말일 테지만 부담스럽다. 그럴 때면 나는 아이 이름을 이야기하면서 "○○이 덕분에 만나게 된 동반자죠. 멘토라니요?" 하며 아이 이야기로 화제를 바꾼다. 이때 부모가 말하는 멘토란 표현에는 어딘지 모르게 막중한 책임감과 중압감이 느껴지는 것이 사실이다.

부모와 교사는 아이를 매개로 맺어진 관계다. 일시적인 사이가 될 수도 있고 오래 지속될 수도 있다. 그것은 동반자적인 관계를 어떻게 유지해 가느냐에 달려 있다.

오래전 일이다. 네 살 반에서 지내고 있는 빈이는 아직 기저귀를 떼지 못한 상태였다. 보통 두 돌 전후로 대부분의 영아들이 기저귀 떼기를 연습하기 시작한다. 24개월 전후로 기저귀를 뗀다고 하지만 아이들의 발달 단계에 따라 그 시기는 천차만별이다.

같은 반 친구들 중에 빈이가 기저귀 떼기가 조금 늦은 편이었다. 어린이집에 빈이를 데리러 온 엄마가 담임선생님께 "어린이집에서 해줘야 되는 것 아니예요?"라고 했다는 것이다. 담임선생님은 당황했고 "빈이가 아직 준비가 안 된 것 같아요"라고 차분하게 대답했단다. 빈이와 엄마를 보내고 속상한 마음을 내게 전했다. 나는 의기소침해 있는 교사에게 "어린이집에서 다 해버리면 엄마는 뭘 하신데요?"라며 다독였다.

어린이집에 입소 상담을 오는 경우의 부모들을 보면 보통 두 가지 유형을 띤다. 자신의 아이에 대해 지나친 관심을 보이거나 그 반대의 경우다. 하루 일과를 꼼꼼하게 체크하고 확인을 하며 일과마다 조심해야 할 것까지 당부하기도 한다. 이런 부모님을 만나면 어떻게 대답해야 언짢아하지 않을까를 고민하면서 답변을 이어간다. 그렇다고 무턱대고 요구를 다 들어주겠다고 답해서도 안 되기 때문이다.

어떤 부모는 어린이집에 대해 안내하는 중에도 스마트폰을 하거나 무성의한 태도를 보이기도 한다. 아이에 대해 질문해도 대답도 잘 못하는 경우도 있다. 심지어 어린이집에서 대신 키워주기라도 할 것 같은 반응을 보이는 경우도 더러 있다.

정말 잘 몰라서 하는 행동일 때도 있다. 보통 다문화 가정인 경우가 그렇다. 아직 한국말을 하는 것도, 이해하는 것도 어렵기 때문이다. 이럴 때 활용하는 것이 문자메시지와 번역 앱이다. 최대한 천천히 말을 하면서 메시지로 전달한다. 꼭 이해를 해야 하는 부분은 번역 앱을 사용해 내용을 설명하기도 한다. 그러면 만족해하며 아이의 어린이집 생활에 관심을 가지는 것을 볼 수 있다. 가끔 한국말을 잘 하지는 못하더라고 읽고 이해하는 정도가 가능한 엄마도 있어서 문자메시지가 소통 창구가 될 때가 있다.

스페인을 대표하는 철학가인 발타자르 그라시안(Balthasar Gracian)은 저서 ≪사람을 얻는 지혜≫에서 이렇게 말했다.

능숙한 말솜씨보다 상대를 배려하는 태도가 중요하다. 고마운 사람보다 필요한 사람이 되라고 한다. 그래야 상대의 마음을 얻을 수 있다는 것이다.

어린이집에서는 교사는 부모에게 부모는 교사에게 서로의 마음을 얻는 노력이 필요하다. 아이의 건강과 행복이라는 공동 목표를 향한 조력자의 관계이기 때문이다.

팩트보다는 공감해라

　'긍정적인 사고'의 창시자로 알려진 노먼 빈센트 필(Norman Vincent Peale) 박사는 이렇게 말했다. "NO를 거꾸로 쓰면 전진을 의미하는 ON이 된다. 모든 문제에는 반드시 문제를 푸는 열쇠가 있다. 끊임없이 생각하고 찾아내라."

　남편의 말 습관 중에 내가 자꾸 거슬려서 지적하게 되는 부분이 있다. 말을 시작하기 전에 꼭 서두에 "그게 아니고"라는 말을 붙여 상대의 말을 차단하는 느낌을 받게 한다. 나쁜 의도가 숨어있는 것이 아니란 것을 안다. 하지만 들을 때마다 기분이 상하면서 나 또한 퉁명스럽게 대하게 된다. 그러면 대화는 끊기고 둘 다 기분이 엉망이 되고 만다.

남편과 나는 학점은행제를 통해 사회복지사 자격 과정을 함께 공부했다. 어린이집 운영 경험을 토대로 남편과 함께 복지시설을 운영해보고 싶었다. 남편은 선천적으로 선한 성품을 가진 사람이라고 판단된다. 그런데 가끔 의도치 않은 말실수로 오해를 사게 될 게 걱정이 되었다.

아동복지기관에서 현장실습을 진행하던 때 일이다. 이종사촌 자매가 함께 센터를 이용했다. 둘은 나이도 같았다. 모든 활동을 함께 했고 도움을 주면서 사이가 아주 좋아보였다. 하루는 학교 숙제를 마치고 자유놀이를 하던 중이었다. 서로 대화를 하다가 언성이 높아졌다. 남편은 '그게 아니고~'를 시작으로 중재에 나섰다. 한 명이 마음이 상한 건 남편의 말 때문이었다. 본인의 말이 틀렸고 잘못한 것처럼 느껴졌기 때문이다. 억울한 마음이 들었던 한 아이는 부모에게 전화해서 상황을 알렸다. 선생님이 자신의 편을 들어주지 않았다는 것이 핵심이었다.

우리는 무수한 말을 주고 받으면서 살아간다. 모든 관계의 기본이 말로 이루어진다고 해도 과언이 아니다. 말에는 언어적 표현과 비언어적 표현이 있다. 이중 우리는 70~80%가 넘게 비언어적 표현을 사용한다고 한다. 구어 외에 표정과 몸짓, 행동과 태도가 비언어적 표현에 속한다.

나 역시 언어적 표현보다 비언어적 표현에서 더 많은 감동과 위로를 받는 것 같다. 상대방이 말을 가만히 들어주면서 고개를 끄덕여 주는 일이 그렇다. 상대방의 어깨를 토닥여주는 모습이 이에 속한다. 할 수 있다며 주먹을 불끈 쥐어 보여주는 모습에 힘을 얻고 자신감이 생긴다.

스포츠 경기에서 응원 문화를 보면 예시로 가깝다. 열정적이고, 역동적인 몸짓으로 하나가 되어 응원한다. 꼭 말이 아닌 행동과 표정, 소품을 이용해 멋진 풍경을 만들기도 한다. 우리나라만의 개성이 있는 응원 문화의 상징인 붉은 악마를 그 대표적인 예라고 할 수 있다. 붉은 악마는 대한민국 축구대표팀의 공식 서포터즈 클럽이다. 1997년 명칭 공모에서 채택되어 결정되었다고 한다. 이후 2002년 월드컵에서 대한민국 축구대표팀 못지 않는 인기가 전 세계를 달궜던 것을 기억한다. 그야말로 대한민국을 붉은 물결로 만들었던 2002년 6월을 대한민국 국민이라면 누구나 기억할 것이다. 4강 신화의 주역은 축구대표팀과 더불어 붉은 악마였다는 평가가 이어졌다. 이처럼 비언어적 표현이 엄청난 공감의 힘을 만들어낸다.

일주일에 한 번 이상 전화를 걸어오는 지인이 있다. 거의 첫마디가 "언니! 어장 관리 안 해요?"로 시작한다. 그러면 나는 "무소식이 희소식이겠지!" 하고 말해준다. 특별한 용건이 있는 것도 아니지만 일주일 동안 있었던 일들을 주절주절 말하기 시작한다. 나는 그저 가만히 들어줄 뿐이다. 가끔 "그랬구나" 정도로 대답해준다. 그러면 다시 남편 이야기, 아이 이야기까지 말을 하고 조언을 구하기도 한다. 특별하게 해결방법을 알려주는 것도 아니다. 감사하게도 지인은 나와 통화를 하고 나면 마음이 편안해지면서 문제를 해결하게 되었다고도 한다. 정말 특별한 것 없이 들어줬을 뿐인데 말이다.

아, 한가지 있다. 그녀와 통화를 마치고 나면 짧은 메시지를 남겨준다. "잘하고 있어요! 파이팅!", "지혜롭게 잘 해결되실 거예요!" 이 정도다. 전화 통화 중에 한마디 한마디 하다보면 순간적으로 반응하게 되는 경우가 생긴다. 부정적인 말을 할 수도 있고 내가 뱉어낸 말로 상처를 받게 될 수도 있다. 때문에 나는 통화를 마치고 메시지를 남기거나, 책의 구절을 인용해서 보내주는 편이다. '나라면 어떨까?'를 생각해보게도 된다. 나름 지혜로운 방법이라는 생각이 든다. 앞으로도 계속 활용할 예정이다.

지난 여름 건강에 적신호가 와서 수술과 치료 과정을 거쳤다. 한 달 정도 치료를 위해 아이들과 떨어져 지냈다. 물론 전화 통화는 수시로 했지만 말이다. 퇴원 후 집으로 돌아온 날이었다. 무뚝뚝한 큰아들은 "다녀오셨어요?"가 인사의 전부였다. 말수가 없는 녀석이니 그럴 수도 있지 생각했다. 반면 작은아들은 나를 와락 끌어안으며 등을 토닥였다. "엄마! 괜찮죠! 괜찮으실 거예요!"라고 말했다.

순간 가슴이 뜨거워지면서 감정이 복받쳐 그만 울고 말았다. 큰 아들은 당황스러웠는지 어쩔줄 몰라했다. 작은아들 역시 상황을 수습하느라 유머를 던지기도 했다.

모든 인간은 환경에 영향을 받는다. 아이에게 일차적인 환경은 가족이다. 가족끼리 서로 믿어주면서 자연스럽게 도움을 주고받는 환경을 아이가 접하게 된다. 이런 환경에서 자란 아이의 경우 타인을 돕는 것을 자연스럽게 생각하게 된다. 실제로 공감 능력이 높다는 연구결과가 있다.

공감 능력은 마음을 치유하는 처방전이다. 상대의 아픔을 보고 함께 아파하는 것이고 상대가 힘들 때 기꺼이 손을 내미는 것이며 상대의 슬픔에 함께 울어주는 일이다. 상대가 힘들 때 어깨를 내주고 상대방의 기쁜 일에 함께 기뻐해주는 일이다.

이런 일을 우리는 일상에서 수없이 경험하게 된다. 공감의 힘이 어마어마하다는 것 또한 너무 잘 알고 있다. 인지적 공감 능력이 부족한 경우라면 반복적인 사회성 훈련을 통해 타인의 생각을 읽는 능력을 기르면 된다. 하지만 정서적 공감 능력은 영유아기의 애착 형성 과정에서 비롯된다고 한다.

《괴물의 심연》의 저자 제임스 팰런(James Fallon)은 캘리포니아대학교 어바인 캠퍼스에서 신경과학을 가르치는 교수다. 그의 전문 분야는 '사이코패스' 살인마의 뇌 구조에 관한 것이었다. 사이코패스의 뇌는 감정을 관여하는 전두엽이 일반인들처럼 활성화되지 않은 것을 발견했다. 그래서 감정을 느끼는데 미숙하고 상대방의 입장을 헤아리지 못한다는 것을 알아냈다. 이기적이며 충동적이고 즉흥적인 행동을 하게 되는 이유기도 했다.

팰런 교수가 뇌 스캔 사진들을 연구할 때 일이다. 그는 우연히 사이코패스의 특징이 명백하게 드러나는 한 장의 사진을 발견한다. 놀랍게도 그건 팰런 교수 자신의 뇌였다. 그리고 집안 역사를 살펴보던 중 조상 중에 악명 높은 살인마들이 있었음을 확인할 수 있었다. 그리고 그는 자신의 뇌를 연구하면서 사이코패스가 되지 않은 이유를 발견해냈다.

사이코패스의 뇌를 가지고 있다고 하더라도 어릴 때 학대 경험만 없으면 괜찮다는 것이다. 부모와의 유대감, 가정환경, 출산 전 영향력 등의 폭력적 가정환경과 어머니와의 유대 부족, 동년배의 영향, 출산 전 영향 등을 사이코패스의 원인으로 밝혀냈다.

공감 능력은 적절한 시기에 자극을 받고 발달해야 하는 요인이다. 부모의 양육 태도와 양육 환경이 얼마나 중요한지는 굳이 말로 하지 않아도 충분히 알고 있다. 아이가 자랄수록 공감대 형성이 무엇보다 중요하다. 자녀의 마음을 읽어주고 공감해주는 부모의 자세

를 보여주자. 그러면 아이도 자연스럽게 공감 능력이 뛰어난 아이
로 성장해간다는 믿을 수 없는 진리를 잊지 말아야겠다.

등대가 되어줘라

    사람이 동물과 구별되는 가장 큰 특징은 인정받고 싶은 욕구를 가지고 있다는 점이다. 돈이 많건, 적건, 잘 생기거나, 그렇지 않더라도, 남녀노소를 불문하고 우리는 모두 인정받기를 원한다. 인정해주는 주체는 자기 자신과 타인이다. 자기 자신을 인정하는 사람은 자존감이 높은 사람이다. 부모라면 모두 자녀가 자존감이 높은 아이로 성장해가기를 바란다. 나 역시 아이들이 스스로는 물론 다른 사람에게도 인정받는 존재가 되기를 간절히 바란다.

    협력 놀이를 주제로 책을 쓰고 있는 작가의 블로그를 구경하던 중이었다. 사진, 영상, 썸네일 등을 활용해 블로그를 잘 운영하고 있어서 가끔 들러서 구경하고는 한다. 그 작가는 세 자녀를 두었다. 바쁜 엄마를 대신해 아이들끼리 요리를 하고, 주스를 만들어 마시기도 했다. 물론 엄마에게도 한 잔 건네기도 하면서 너무 잘 지내는 모습이 사진과 영상으로 포스팅되었다.

막내 동생이 식탁에 놓아두었던 주스 잔을 엎질렀다. 보통의 집에서는 놀라며 허둥지둥 식탁을 치우느라 바빴을 터였다. 그런데 실수한 아이의 마음 먼저 살피는 모습을 볼 수 있었다.

"괜찮아. 치우면 되지." 단 두 마디가 쓰여 있었는데도 가족 분위기를 느낄 수 있었다. 아이가 실수했을 때는 잘못된 결과에 집중하려는 마음부터 버려야 한다. 가장 먼저 위로와 격려를 보내는 것부터 실천하자. 부모에게 인정받는 아이는 마음이 단단해진다. 스스로도 자신을 아끼며 상대방을 인정하는 방법을 배우게 된다.

'성인아이'라는 말이 있다. 이 개념은 캐나다의 마가렛 코크(R. Margaret Cork)가 1969년에 발표한 《잊혀진 아이들 : 알코올 의존증 부모의 아이들에 관한 연구(The Forgotten Children: A Study of Children with Alcoholic Parents)》에서 시작되었다.

알코올 문제 가족뿐 아니라, 약물이나 도박 등의 의존증, 과식, 거식, 폭력, 은둔형 외톨이 등의 중독이 추가되어 다양한 문제를 안고 사는 역기능 가족에서 자란 사람을 통칭하는 용어로 사용되고 있다.

성인아이의 특징 중 하나는 항상 타인의 찬성과 칭찬이 필요하다는 것이다. 그렇지 않을 경우 쉽게 상처받거나 은둔형 외톨이가 되기도 한다는 것이다. 이 대목을 접하면서 나는 깜짝 놀라지 않을 수 없었다. 내 속의 나도 이런 마음을 가지고 있을 때가 종종 있기 때문이다. 나는 어떤 일을 할 때 결과가 나올 때까지 꽤 노력하는 편이다. 상대로부터 어떤 평가를 받게 될까 시작 전부터 걱정하는 경우도 있다.

이쯤 되면 부모님 이야기를 하게 될 것 같다. 먹고 살기 힘들게 가난했던 시절. 아이의 마음을 먼저 읽어줬어야 했다고 말하고 싶지는 않다. 하지만 성인이 된 지금도 문득 어린 시절을 떠올리면 목구멍에 가시가 걸린 듯 아파온다.

성인아이를 말하면서 한 강연가는 이렇게 비유했다. 독화살에 맞았을 때 가장 먼저 해야 할 일은 화살을 빼고 치료하는 일이라고 말이다. 하지만 많은 사람이 누가 쏘았는지에 집중하다 결국 독이 온몸에 퍼지는 걸 방치하게 된다는 것이다. 고개가 절로 끄덕여지는 대목이었다. 내 안에 자라고 있는 성인아이와 먼저 치유의 시간을 가져야겠다고 생각했다.

양팔을 포개어 가슴을 안고 가만히 쓸어내리는 것만으로도 스스로에게 보내지는 에너지가 상당히 크다고 한다. 오늘은 나 스스로를 깊게 안아주자. 그리고 한마디 건네주자. "괜찮아. 잘하고 있고 잘 할 수 있어"라고 말이다. 부모가 단단해야 아이가 단단해지는 법이다. 자신 스스로를 인정해주는 일, 내 안의 나에게 집중하고 나를 살피는 일이다.

몇 년 전 공공도서관에서 초등학생들과 독서프로그램을 진행한 적이 있다. 그림책과 동화책, 영화 등 다양한 매체를 활용해 글쓰기까지 이어진다. 아이들과 주제에 대해 토론을 하면서 자신의 생각을 글로 표현하거나, 만들기 등으로 표현해보는 커리큘럼을 구성했다. 나는 한 시간의 수업을 영화 〈원더〉의 내용으로 진행한 적이 있다. 수업의 마무리는 가장 마음이 가는 인물에게 편지쓰기였다.

'편견에 맞선 영화, 세상을 바꾸는 작은 기적'이라는 영화를 소개하는 슬로건이 확 시선을 끌어당겼다. 당시 학교 폭력이니, 왕따니 하는 문제들에 대해 많은 의견들이 오가고 있던 때이기도 했다.

〈원더〉의 주인공 어기는 안면기형장애를 앓아 몇 번의 수술을 받았다. 하지만 평범하지 않은 얼굴은 가리고 싶을만큼 콤플렉스를 지닌 채 살아가게 만들었다. 어기는 온 가족의 관심과 사랑을 받으며 홈스쿨링으로 집에서만 생활하게 된다.

5학년이 되었을 때 어기의 부모는 어기를 학교에 보낼 결심을 하게 된다. 가까스로 학교에 다니게 된 어기는 친구들에게 놀림을 많이 받으면서 외톨이로 지내게 된다. 그중 한 친구의 친절한 도움을 받으며 어기의 학교생활은 이어진다. 마침내 최고 학생으로 선정되기까지 하며 무사히 졸업을 하게 된다.

영화를 만든 스티븐 크보스키(Stephen Chbosky) 감독은 인터뷰에서 "원작에서 가장 날 끌어당겼던 부분은 내가 한 모든 선택이 나를 만든다는 것이었다"라며 자신의 선택으로 달라질 수 있는 자신의 모습과 세상에 대해 주목했다.

나는 이 영화로 부모 역할에 대해 다시 생각해보는 계기가 되었다. 그리고 나에게 어기와 같은 아이가 있었다면 어땠을까도 생각해보게 되었다. 아이와 부모는 선택할 수 있는 관계가 아니다. 다만 받아들여야 하는 관계일 뿐이다. 아이를 있는 그대로 봐주고 단단하게 전진할 수 있도록 버팀목이 되어주는 것이 부모다. 어떤 경우에도 긍정과 희망을 전할 수 있는 등대가 되어주자.

등대같은 부모라고 하면 나는 친언니가 떠오른다. 언니에게는 딸이 세 명 있다. 모두 멋진 성인으로 당당하게 살아가고 있는 서울 여자들이 되었다. 이제 첫째 조카는 곧 결혼을 앞두고 있다. 지혜롭게 예쁜 가정을 이룰 것이라 믿는다. 둘째 조카가 중요한 시험을 앞두고 있을 때의 일이다. 시험을 치르고 발표하는 날까지 언니는 하루도 빠짐없이 새벽 기도를 다녔다. 대단하다고 말하는 나에게 언니는 이렇게 대답했다. "아이들이 이만큼 자라니 이젠 사정할 일만 생기더라." 누군가에게 무엇을 어떻게 해달라는 부탁이 아니고 전능하다는 존재에게 믿고 맡긴다는 간절한 부탁이라고 했다. 부모로서 해줄 수 있는 게 그것뿐이더라 하면서. 나는 언니의 이야기를 들으면서 가슴이 뭉클했다. 그냥 대단하다는 말 외엔 달리 표현할 말이 생각나지도 않았다. 둘째 조카는 우수한 성적으로 시험에 합격했다. 이제 곧 사회인으로 출발을 준비 중이다. 먼저 태어나 살아본 경험이 있는 부모라고 해서 대신해줄 수 있는 것은 아무것도 없다. 아이의 무수한 날 중에는 어둡고 넘어지게 될 일도 있을 것이다. 부모가 할 수 있는 일은 그럼에도 불구하고 희망의 불을 밝히는 등대가 되어주는 일뿐이다.

아이를 키우면서 가장 많이 듣는 말이 긍정적인 양육을 해야 한다는 것이다. 대부분의 양육자들이 실천하고자 노력한다. 긍정적 양육이라고 해서 무조건 칭찬만 하는 양육을 의미하지는 않는다. 칭찬과 훈육이 적절하게 조합된 긍정적인 관계를 유지하는 것이 중요하다. 부모들이 생각하는 잘 키운 아이의 모습은 조금씩 다를 수 있다. 하지만 '행복한 아이'라는 데는 모두 동의할 것이다. 행복한 아이는 부모의 양육 신념과 양육 태도의 차이가 적으면 적을수록 부모와 자녀 간의 관계가 조화로운 상태를 말한다.

어린이집에서는 부모가 일과를 마치고 귀가하는 연장 보육이 이뤄지고 있다. 연장 보육에 참여하는 영유아는 맞벌이 가정인 경우가 대부분이다. 퇴근하고 달려온 엄마가 어린이집에서 놀고 있는 아이에게 "엄마가 너무 늦었지! 엄마가 잘못했어!"라며 연신 사과를 해댔다.

나는 사과할 일인가 생각하며 한편으로는 염려가 되었다. 혹시나 아이가 어린이집과 늦은 엄마에 대해 부정적인 판단을 하게 되지는 않을까 해서다. 그날 나는 아이 어머니께 정확하게 말했다. "선생님과 너무 잘 지냈어요. 미안해하지 않으셔도 되는데요?"라고 말이다.

어린이집은 어린이집의 역할이 있다. 교사는 대부분 보육신념과 철학을 가지고 영유아를 대한다. 그 과정에서 아이는 가정과는 또다른 경험을 하면서 성장하게 된다. 이 점에서 나는 어린이집의 중요성을 실감한다. 가끔 교사보다 아이에 대해 잘 모르는 부모를 만나면 희열을 느끼기도 한다. 제2의 부모 역할을 너무 잘하고 있다는 자신감에서다.

부모는 태내에서부터 현재에 이르기까지 아이의 성장하는 모든 과정을 지켜본 관찰자다. 부모의 따뜻한 시선이 행복한 아이로 성장해가는 밑거름이 된다.

침묵과 무관심을 착각하지 마라

2022년 2월 중국 베이징에서는 겨울 스포츠의 축제인 동계올림픽이 개최되었다. 가족들과 함께 우리나라 선수가 참가한 쇼트트랙 1000m 경기를 시청했다. 국제적인 경합에서는 애국자가 되는 것이 인지상정이다. 가족 모두는 촉각을 세우고 열심히 응원했다. 남편의 경기 해설력은 전문해설위원 못지않게 쏠쏠한 재미를 줄 때가 있다.

준결승 경기중이었다. 중국선수 2명이 합세해 견제하는 상황에서도 황대헌 선수는 당황하지 않고 멋진 레이스를 펼쳤다. 결국 중국선수들을 제치고 당당하게 1위로 결승점에 도착했다. '황대헌 결승 진출'이라는 TV자막이 보였고 보고 있던 가족 모두는 환호와 박수갈채를 보냈다. 그런데 경기 후 비디오 판독이 이뤄지면서 황대헌 선수가 패널티를 받아 실격처리가 되고 말았다. 어떻게 이런 일이 있을 수 있을까? '정정당당하고 공정함'이라고 외치는 스포츠 정신은 어디에서도 찾아볼 수 없었다. 중계하고 있던 아나운서도, 해설위원도 방송사고인가 싶을 만큼 할 말을 잃은 상황이 되었다. "정말 할 말이 없네요!"라는 말이 한참 만에 나왔다.

더 황당한 건 이어진 다음 경기에서도 마찬가지였다는 것이다. 이준서 선수 역시 앞서던 선수들을 제치고 2위로 결승점을 통과했다. 판정은 '레인변경 반칙'으로 실격처리가 되고 말았다. 기가 막혔다.

남편은 마치 현장에 함께 있는 듯 "한국으로 돌아가버리자"라며 화를 냈다. 우리나라를 얼마나 무시했으면 떡하니 코치진이 보고 있고 응원하는 국민이 있는데도 저럴 수가 있냐며 흥분했다. 운동선수의 꿈을 가지고 있는 작은아들은 4년에 한 번 개최되는 올림픽에 참가하는 게 어떤 의미인데 하면서 언성을 높였다. "선수생활이 얼마나 짧은데" 하면서 아쉬움을 토로했다.

나는 상대 선수들의 심한 견제에 혹시 얼음판에서 다치지는 않을까 염려되기도 했다. 그리고 어쩌면 상황이 뒤집힐지도 모른다는 기대를 잠깐 하고 있었다. '설마 전 세계인이 지켜보고 있는데, 이렇게 그냥 넘어간다고?'라는 생각이 들었다. 재판독이 이뤄지든, 심판 중 누구라도 이의를 제기하지 않을까도 생각했다. 단 한 사람만이라도 제대로된 시선으로 봐주기를 바랐다. 결과는 두 선수 모두 바뀌지 않았다. 대한민국 국기는 순위에서 사라져버렸다.

이런 경우가 없었던 것은 아니다. 우여곡절 끝에 코로나19라는 위험한 상황에서도 올림픽 출전을 결심한 선수들이다. 이런 대접을 받을 것이라고는 상상 조차 못한 채 밤낮 가리지 않고 연습에 연습을 거듭해서 그 자리에 섰을 것이다. 피나는 노력 끝에 얻은 올림픽 출전이라는 이 기회를 바르지 않은 몇몇 어른들의 시각 때문에 이렇게 허무하게 끝나 버리는 것이 너무 가슴이 아팠다.

경기가 있던 날 밤 황대헌 선수의 SNS에는 마이클 조던(Michael Jordan)의 명언이 올라왔다. 진정한 스포츠인이라는 생각이 들었다. 역시 이렇게 멋진 사나이니 국가대표였겠다 싶었다.

"장애물을 만났다고 반드시 멈춰야 하는 건 아니다. 벽에 부딪힌다면 돌아서서 포기하지 말라. 어떻게 하면 벽에 오를지, 벽을 뚫고 나갈 수 있을지 또는 돌아갈 방법이 없는지 생각하라."

경기가 끝나고 기자들의 질문에 황대헌 선수는 '다음에 하자'는 짧은 말을 남기고 침묵했다. 국가대표가 되는 것은 수많은 노력과 뼈를 깎는 고통이 수반되어야 가능한 일이다. 좌절하고 분노할 수도 있는 상황에서 멋지게 평정심을 보여준 선수의 모습이 진정한 국가대표라는 생각이 들었다. 황대헌 선수의 침묵이야말로 위대한 힘을 발휘했다는 생각이 든다.

　나는 편파 판정에 관해서도, 마이클 조던의 명언으로 심경을 밝힌 황대헌 선수 이야기도 여러 사람과 나누고 싶다. 잘못된 것은 바로 잡아야 하고 잘한 부분은 칭찬받아 마땅하기 때문이다.

　보통 일주일에 한두 번은 이런저런 이유로 회의를 하게 된다. 긴박한 사안인데 만나지 못할 경우 단체카톡방을 활용할 때도 있다. 전달 사항을 알리고 숙지가 필요한 내용인 경우도 많다. 동료들 대부분은 댓글로 반응을 해주는 편이다. 그런데 아쉽게도 누가 시작하기를 기다리기라도 한 듯 '네! 알겠습니다'라는 댓글이 줄줄이 달린다. 마음이 불편할 때는 대답이 성의 없어 보이고 나의 말에 무관심한 것 같아 아쉬울 때가 있다. 그렇다고 아무 대답이 없었다면 나는 또 별 시답지 않은 부정적인 상상 속에 빠졌을 것이 분명하다.

　'열 길 물속은 알아도 한 길 사람 속은 모른다'라는 속담이 있다. 지나친 비유일까? '네 알겠습니다'의 의미를 곱씹어보게 되면서 그 사람의 마음을 들여다보고 싶을 때가 있다. 그런가 하면 가끔은 사사건건 모든 것을 궁금해하는 오지랖이 넓은 사람도 있다. '내 마음 영업 종료' 팻말을 붙여 놓고 싶은 경우 말이다.

　우리는 하루에도 수많은 관계를 유지하면서 살아간다. 관계 속에는 관심과 무관심이란 두 마음이 공존한다. 무관심이 관심이란 말의 반대 의미만을 갖는 것은 아니다.

어린이집에는 엄마가 외국인인 다문화가정 영유아가 매년 몇 명씩 입소한다. 네 살 K의 엄마는 한국말이 서툴다. 성격도 내성적이어서 어린이집에 오는 것을 즐기지 않았다. K와 관계된 이야기도 늘 아빠가 도맡는다. 심지어 교사가 전화해도 받지 않을 때도 있다. 어쩌다 K를 데리러 한 번씩 오더라도 반가운 표정을 보이지 않아 걱정스러울 때가 많았다.

부모가 무덤덤한 반응을 보이게 되면 아이는 부모에게 충분한 만족감을 느끼지 못하게 된다. 엄마를 만나 기쁜 나머지 K는 마음이 바빠졌다. 어린이집에서 끼적거린 스케치북 조각을 자랑해댄다. K의 엄마는 아무런 대답 없이 신발장에서 신발을 꺼내 발에 맞춰 신길 뿐이다. 순간 K는 울상이 되며 나를 한번 쳐다봤다. 나는 K 엄마에게 "K가 그림 그린 거 자랑하네요. 칭찬해줘요!"라고 천천히 이야기했다. 반말과 동작을 섞어가며 최대한 알아들을 수 있게 말했다. 그제야 엄마는 K를 바라보며 살짝 웃어줬다. 기분이 풀렸는지 K는 종알종알 어린이집에서 있었던 일들을 엄마에게 이야기하기 시작했다.

나는 그날 이후 K 엄마에게 귀찮게 전화를 걸었다. 한마디씩이라도 한국말로 소통하는 연습이 필요해 보였다. 능숙하지 않은 말솜씨 때문에 어쩌면 대화하는 것 자체를 두려워할 수도 있겠다는 느낌을 받았기 때문이다. 그리고 한 가지 방법을 더 했다. 어린이집에 있는 영아용 그림책을 한 권씩 보내주면서 읽게 했다. 영아용 그림책은 글밥도 적고 내용을 이해할 수 있는 그림으로 구성되어 말을 배우는데 활용도가 매우 높다.

K엄마는 몰라보게 달라져 갔다. 아이에 대한 상담에 참여할 정도 적극적으로 변했다. 대부분 문자메시지로 소통하던 것이 유선 통화가 가능할만큼 한국말도 능숙해졌다. 나중에 K 엄마에게 들은 말이다. '어린이집에 오면 선생님이 무슨 말을 할까?', '못 알아들으면 어쩌나 걱정되었다'라고 했다. 말이 잘 통하니 표정이 밝아지는 게 보였다. 표정이 밝아지면서 자신감도 느껴졌다. 가끔씩 남편 흉을 보면서 농담을 하는 입담을 뽐냈다.

K가 여섯 살이 되던 해, K엄마는 필기시험, 구술시험과 최종 면접시험까지 진행되는 어렵다는 귀화시험에 당당하게 합격했다. 공식적으로 찐(!) 한국인이 된 것이다. 지금도 가끔 만나면 "동화책 좋아요!"라며 반갑게 인사를 건넨다. 모른 척할 수도 있었다. K에게만 관심을 쏟아도 아무도 뭐라고 하지 않을 상황이었다. 무슨 열정이었는지 안타까운 마음에 지푸라기가 되어주고 싶었던 모양이다. 아주 잘한 결정이라고 칭찬해주고 싶다.

K의 엄마는 지금은 고향 베트남 음식을 전문으로 하는 식당 사장님이 되었다. 입이 짧은 나에게도 자꾸 오라고 권하지만 선뜻 가서 맛있게 먹을 자신이 없어 차일피일 미루고 있다. 한국인으로 다

시 태어난 K엄마에게 문전성시를 이루기를 바라는 마음을 담아 응원을 보낸다. 누군가의 관심이 또 다른 누군가에게는 살아보고 싶은 이유를 만들어내기도 한다.

'사랑의 매'라는 말은 없다

　과연 '사랑의 매'가 가능할까? 우리나라 속담에 '예쁜 자식 매로 키운다'라는 말이 있다. 사랑하는 자식이기 때문에 매를 들면서라도 바르게 키워야 한다는 소망과 의지가 담겨있다. 자녀를 키우는 부모라면 우리 아이가 행복하게 살아가는 것을 목표로 할 것이다. 그렇다면 아이의 행복을 위해 매를 든다는 것은 아무리 생각해도 앞뒤가 맞지 않는 말임에는 분명하다. 감정이 실리지 않은 체벌은 있을 수 없기 때문이다.

　2021년 1월 8일 민법 제915조 '자녀징계권'이 완전히 폐지되었다. 단호한 가르침의 표본인 '사랑의 매'라는 말은 사라진 것이다. 사랑하기 때문에, 잘 키우고 싶은 욕심에, 훈육을 핑계로 아이에게 매를 드는 것은 절대 해서는 안 되는 일이 되었다.

나는 4남매 중 셋째다. 언니와 오빠가 있고 여동생이 있다. 4남매 중 내 키가 가장 작다. 가난했던 어린 시절을 생각하면 유독 셋째인 내가 매를 가장 많이 맞으면서 자랐던 것 같다. 울기도 엄청났다는데 운다고 때릴 이유가 되지는 않았을 거다.

성인이 되고서야 들은 말이다. 나를 임신한 것을 알고 먹고 살기 빠듯한 살림에 어머니는 걱정이 태산 같았다고 했다. 성격이 불같았던 아버지는 그날부터 어머니를 들들 볶아댔단다(임신한 게 어머니 잘못만은 아니지 않냐고 반문했던 기억이 난다). 어머니는 자연 유산을 시키려고 온갖 방법을 다 썼다고 했다. 간장을 사발째 마시기도 하고 높은 담벼락에서 떨어져 보기도 했단다. 그런데도 열 달을 꼬박 채우더니 무탈하게 태어났다고 했다.

가난이 만들어낸 슬픈 이야기다. '내 인생은 처음부터 환영받지 못했구나'라는 생각이 문득 들 때도 있었다. 괜히 미워서 나를 매로 키웠을 수도 있었겠다는 생각도 들었다. 지난 이야기니 추억이라고 해두고 싶다. 이 글을 혹여나 내 부모님이 읽게 된다면 오해 없으시길 바란다. 덕분에 첫 번째 책에 에피소드가 되어주고 있으니까 감사할 일이다.

몇 해 전 일이다. 어린이집에 등원하면 아침 루틴이 있다. '건강 상태 확인 → 소지품 정리 → 화장실 다녀오기 → 손 씻기 → 놀이

하기' 보통 이 정도의 순서로 아침을 맞는다.

등원한 민성이의 용변 보기를 도와주려던 참이었다. 화장실 소변기 앞에서 바지를 내려줬다. 순간 내 눈을 의심했다. 충격적이었다. 엉덩이 아래쪽으로 너무 선명한 빨간 줄이 나 있었다. 누가 봐도 파리채 자국이었다. 놀라지 않을 수 없었다. 민성이는 평소에도 의기소침해보일 때가 있었다. 소리가 조금 크면 눈을 피하기도 했다. 정확하게는 아니지만 의사 표현은 가능한 아이였다.

나는 민성이를 조용히 원장실로 불렀다. 무릎에 앉혀 그림책을 몇 권 들려줬다. 재미있는지 표정이 밝아지면서 소리내며 웃기도 했다. 긴장했던 마음이 풀렸다는 의미다. 나는 그 순간 물었다.

"엉덩이 왜?" 대답하지 않고 가만히 얼굴만 쳐다봤다. 다시 한번 물었다. "괜찮아. 선생님 한테는 말해도 돼!" 아빠가 맴매(체벌)를 했다고 대답했다. 짐작은 했지만 확인이 필요했다. 점심때쯤 민성이 엄마에게 전화를 걸었다. 엉덩이가 왜 그런지 이유를 물었다. 머뭇거리던 엄마가 한참만에 대답했다. 아이가 자다가 이불에 소변을 보는 실수를 했단다. 옷을 갈아 입혀주고 이불을 바꿔주는 것이 당연한 일이다. 가족들은 단잠에서 깨어났을 테고 새벽 시간이 어수선했을 게 그려진다.

"아이 아빠가 오줌 싸는 버릇 고친다고 살짝⋯" 엄마가 말을 흘렸다. 더 화가 난 건 별 죄책감도 없이 호호호 웃기까지 했다. 참을 수 없어서 한소리 했다. "어머니! 아동학대인 거 아시죠? 저희는 아동학대 신고의무자이고요!"

　엄마가 살짝 당황하는 눈치였다. 매번 그러는 게 아니고 아빠가 아이를 너무 예뻐해서라는 이유같지 않은 이유를 둘러댔다. 아빠와 엄마를 어린이집으로 불러 진한(!) 상담을 했다. 참고가 될만한 자료들을 건넸다. 무엇보다 민성이에게 사과하게 했다.

　매를 맞으면서 사랑을 느끼는 사람은 이 세상에 그 누구도 없다. 매를 사랑이라고 여기는 착각의 늪에서 빠져나오자. 제발 '사랑의 매'라는 이름으로, 훈육이라고 에두르지 말자. '사랑의 매'는 감정이 섞인 체벌의 다른 이름일 뿐이다. 어떤 경우이건 매는 아이에게 고통을 줄 뿐임을 잊지 말자. 훈육이란 이름으로 잘못 포장된 고통이라는 것을 말이다. '꽃으로도 때리지 말라'고 했다. 아이에게 사랑만 쏟기에도 시간은 턱없이 부족하다.

　유엔아동권리협약에서는 '그 어떤 폭력도 정당화될 수 없다. 특히 아동에 가해지는 폭력은 미연에 방지되어야 한다'라고 규정하고 있다. 훈육한다면서 무섭게 혼을 내거나 매를 드는 경우가 있다. 훈육은 아이의 잘못된 행동이나 감정에 대해 긍정적인 방향으로 변화하기 위한 교육이다. 무섭게 혼내거나 매를 드는 것을 훈육이라고 착각하는 경우가 있다.

아랫입술을 깨물며 '쉬익~' 센바람 소리를 내며 공포감을 조성하기도 한다. 그 순간 아이는 말을 듣는다. 문제 행동을 멈추기도 한다. 훈육의 효과라고 잘못 판단하지 말아야 한다.

공포감을 느낄 때 아이의 뇌는 순간 멈춰버린다는 사실을 기억해야 한다. 뇌가 작동하지 않아 효과가 있는 것처럼 느껴지는 것일 뿐이다.

부모라면 아이가 똑똑하기를 바란다. 유아기는 두뇌의 발달이 폭발적으로 일어나는 시기다. 뇌 발달의 90%가 이때 완성된다. 공포감을 주었을 때 아이의 뇌 성장이 멈춘다는 상상을 하면 끔찍한 일이다. 어떤 부모들은 뇌 발달에 효과가 있다면 힘듦을 감수하고라고 지원해주고 싶은 게 마음이지 않은가? 따뜻한 사랑을 주기만 해도 아이의 뇌는 쑥쑥 건강하게 자란다.

○○이와 △△는 남매다. 연년생으로 돌이 지날 무렵부터 어린이집에 입소했다. 부모 나이가 너무 젊어서 깜짝 놀랐다. 솔직히 조금 부러웠다. 나는 결혼이 늦은 경우다. 소위 결혼 적령기(지금은 없어진 구시대 산물이다)라는 것을 놓쳤다. 다음 생에 결혼이란 걸 하게 된다면 좀 젊었을 때 해야겠다고 생각한다. 젊으면 좀 수월하지 않을까 하는 생각에서다. 단순히 나의 생각이니 오해 없기를 바란다. 나의 경험으론 그렇다는 거니까.

젊은 부모와 나이 많은 부모의 장단점이 있게 마련이다. ○○이 엄마의 경우는 또 달랐다. 젊은 엄마 자신의 삶이 무엇보다 중요했다. 육아는 서툴렀고 아이들을 제대로 돌보지도 못했다. 어린이집 등원 시간을 매번 맞추지 못할 정도였으니까.

대부분 잠이 모자란 듯 피곤해했고 집안 살림도 엉망이었다. 육아는 점점 힘들게만 느껴졌다. 툭 하면 아이에게 짜증을 냈다. 교대 근무를 하는 아빠가 도울 수 있는 부분에도 한계가 느껴졌다. 부부싸움이 잦아졌다. 지켜보는 시부모님과도 자꾸 부딪치게 되었다.

어느 날 ○○이 엄마가 보이지 않아 안부를 물었다. 우울증에 걸릴 것 같아 친정에서 지낸다는 것이다. "그럼 아이들은요?" "할머니, 할아버지가 잘 키우겠죠!" 순간의 망설임도 없이 엄마가 대답했다. 솔직히 충격이었다. 부모란 사람이 어떻게 이렇게 대답할 수 있을까 싶었다. 엄마, 아빠의 별거가 오래 지속되었고 급기야 최근에는 이혼을 결심했단다.

안타까웠다. 내가 아는 모습이 전부가 아니란 걸 안다. 사생활이란 것도 알겠다. 감 놔라, 배 놔라 할 입장도 아니다. 하지만 나는 아이들의 입장을 고려한 건지 염려스러웠다. 중요한 건 노력은 했을까? 엄마, 아빠 당사자야 그렇다 치자. 선택권이 없는 아이들은 그대로 부모의 결정을 받아들이고 살아가야 한다.

나는 아이들이 가장 염려됐다. 한때 뜨거운 사랑으로 태어난 소중한 부모의 분신이다. 눈에 넣어도 아프지 않는다는 부모 자신들의 아이가 아닌가?

사랑과 관심을 준다고 해도 늘 부족하게만 느껴지는 게 부모 마음이다. 하물며 제대로 된 양육은커녕 이혼이라는 아픔까지 아이들에게 남겼다.

좋다, 나쁘다를 말하자는 것은 아니다. 아이는 앞으로 충격, 상실감, 무서움, 공포, 슬픔, 부모의 부재 등 복잡하고 수많은 감정과 만나게 될 것이다. 아이의 마음을 받아주고 함께 나누기 위한 부모의 바로서기가 필요하다.

나는 ○○이와 △△를 특별히 더 자주 안아준다. 안쓰러운 마음만은 아니다. 그 아이들 주변에 좋은 어른이 많다는 걸 느끼면서 자라게 해주고 싶은 소망의 끌어안음이다.

4장

서툴지 않게
진심을 전하는
8가지 대화법

격려하고 응원해라

    어느 부모나 자녀를 잘 키우고 싶어 한다. 여건이 허락하는 한 아이를 위해 무엇이든 해주려고 끊임없이 노력한다. 그런데도 아이를 키우다 보면 크고 작은 문제를 만나게 된다. 부모이기 때문에 겪어야 하는 과정이다. 모든 부모는 연습 없이 실전에서 부모가 되었다. 아이를 키운다는 것은 부모로서의 시행착오를 극복해가는 일련의 과정이다.

    나는 두 살 터울인 아들 둘을 키우며 지금도 시행착오를 겪고 있는 엄마다. 지금은 사춘기 청소년이 되었다. 초등학교 저학년일 때는 가능한 한 학급 행사에 참여해줘야 한다고들 말했다. 그래야 아이들이 자신감이 생기고 학교생활을 잘 이어간다는 것이 선배 엄마

들의 조언이었다. 그럴 수 있겠다고 생각은 했지만 나는 근무 여건
상 쉽게 휴가를 내거나 외출을 할 수 있는 근무환경은 못 되었다.
당연히 아이들 학교 행사에 적극적인 참여는 불가능했다.

작은아이가 초등학교 1학년 시절 공개수업이 있다는 안내가 왔
다. 나는 도저히 짬을 낼 수가 없어서 지인께 수업 참관을 부탁했
다. 이미 자녀가 성인이 된 지인은 '모처럼 초등학교 구경해본다'라
며 흔쾌히 허락했다. 덕분에 나는 아이 생각은 잊은 채 업무에 집중
하고 있었다. 수업을 잘 마쳤다면서 사진 한 장이 날아왔다. 발표
하려고 한 손을 번쩍 들어 올린 아이의 뒷모습이었다. 나는 아이의
기를 살려준 엄마라고 자부하며 퇴근 후 당당하게 아이를 만났다.

"공개수업 어땠어? 엄마 못가니까 원장님께 가주시라고 부탁했
다." 나는 고마운 마음을 가지고 있을 거라고 생각했다. 그런데 초
등학교 1학년 아들의 대답은 의외였다.

"엄마! 바쁘면 안 오셔도 돼요. 근데 왜 다른 원장님 보냈어요?
우리 엄마 아니잖아요!"라는 것이다. 순간 아차! 싶었다. 아이가 어
떻게 생각할지 묻거나 고민해보지도 않고 내 마음대로 결정한 것이
실수였다. 아이의 기를 세워주겠다는 것은 엄마만의 착각이었다.
그날 나는 구구절절 상황을 설명하며 아이에게 용서를 구해야 했
다.

아이의 입장을 생각하고 아이의 생각을 들어주는 것을 먼저 했어야 했다. 엄마가 못하는 부분을 다른 방법으로 채워보려고 애쓰는 것이 엄마 역할이라고 생각했다. 그것이 아이에게 보여줄 수 있는 격려라고 생각했다. 역할을 대신할 수는 있어도 엄마가 되어줄 수는 없다. 그 일이 있은 후부터는 아이들과 의논을 곧잘 한다. 아이들의 생각과 판단에 함께 고민하고 응원하려고 노력한다. 아이들에게 있어 특히 학교생활만큼은 아이 스스로가 주체가 되어야 한다고 믿기 때문이다. 크게 문제가 되지 않는 한 이해하려고 노력한다. 덕분에 반항기라는 청소년기도 무난하게 잘 보내주는 것 같다.

큰아이는 조금 즉흥적인 면이 있어 보인다. 초등학교 생활을 참 바쁘게 보냈다. 하루는 일을 하고 있는데 전화가 걸려왔다. 방과후 수업으로 국악을 하겠다는 것이다. 의아해하면서 이유를 물었다. 운동장에서 연습하고 있는 모습이 어딘가 모르게 시원해보였다는 것이다. 그리고 이미 담당 선생님과 이야기를 마쳤다고 했다.

나는 해보겠다는데 반대할 이유가 없어서 알았다고 대답했다. 그렇게 한 해 동안 열심히 국악을 하면서 재미있게 놀았다. 4학년 때는 합창대회에 참가해야 한다고 했다. 이건 또 무슨 봉창 두들기는 소리인가 싶어 선생님께 여쭤봤다. '소방동요제'가 있어서 합창반을 구성했는데 거기에 큰아이도 지원을 해서 연습 중이라는 것이다. 그것도 적극적으로 참여 중이라고 하니 다행이다 싶으면서도 어딘가 모르게 '내가 엄마 노릇을 하고 있기는 한가?'라며 자책도 하게 되었다. 아이에게 너무 알아서 하라고 책임을 떠 넘기는 건 아닌가 하는 염려도 되었다.

나는 아이에게 조심스럽게 물었다. "너 왜 엄마, 아빠하고 의논을 안 해?"라고. 아이는 너무 해맑게 대답했다. "엄마, 아빠도 그러라고 할거잖아요!" 아이의 대답은 너무 명쾌했다. 늘 바쁜 부모를 자식을 믿어주는 부모로 급승격시켜주다니 내심 기분이 좋았다.

5학년 때는 전교어린이회 활동에 관심을 가지고 부회장을 하겠다고 통보해왔다. 내가 할 수 있는 것은 끄덕끄덕으로 반응해주는 것이었다. 그리고는 홍보 포스터 만들기를 거들었을 뿐이다. 스스로 참모진을 구성해 선거권이 있는 반마다 다니며 선거유세도 했단다. 신기하고 기특했다. 어느새 이렇게 컸나 싶게 가슴 뭉클했던 기억이 난다. 부모의 애정 어린 관심은 아이를 보이지 않게 성장시키는 힘을 가지고 있는 것이 분명하다. '안 돼!'보다는 '할 수 있어!'라고 응원하자. 그래야 정말 할 수 있게 된다.

세상의 모든 아이들아! 모든 부모는 너희에게 외친다. "꿈을 가지고 꿈을 펼쳐라! 할 수 있다."

격려는 마음의 보약이라고 한다. 하지만 우리의 일상을 한번 되돌아보자, 내 자녀에게, 내 가족에게 얼마나 격려하고 있을까? 아이가 첫 걸음마를 뗀 순간을 생각해보자. 부모는 환호와 박수를 보내며 뜨겁게 응원했다. 아이가 점점 자라고 할 수 있는 것들이 많아지면서 결과에 대해 판단하고 노력을 무시한 채 비난하고 무시하고 있지는 않을까?

모르는 사이에 부모나, 선생님께 듣게 되는 무시와 비난의 말들은 어느 순간 사실처럼 아이 안에 자리 잡게 된다. 어떤 도전을 하게 되는 순간 아이 안의 숨어있던 말이 꿈틀거리면서 '별 것 아닌 무능력한 존재'라고 인식하게 된다. 이 얼마나 무섭고 끔찍한 일인가? 아이의 내면에 칭찬과 격려의 말이 쌓이도록 하자. 아이가 필요할 때마다 꺼내 사용할 수 있도록 하자. 그것이 부모와 선생님의 몫이다.

나는 아이들이 초등학교까지는 무조건 놀았으면 좋겠다. 사교육이란 용어도 없이 함께 놀면서 함께 커갔으면 좋겠다고 생각하는 사람이었다. 그러다 우연히 조카들과 이야기를 하던 중 "이모 영어는 무조건 빨리 시키세요!"라고 한다. 조카들은 모두 수재들이다. 명문대를 졸업했다는 것도 자랑거리지만 모두 똑부러지게 자기 위치에서 능력을 펼쳐가고 있다. 조카들을 보면 '우리 아이들도 저렇게 커줬으면' 하는 생각이 들면서 부러운 것이 솔직한 심정이다. 조카는 큰아이에게(학원에서 선행한다는 이유로 끊고 있었다) 영어를 빨리, 꼭 해야 하는 이유를 설명하기 시작했다.

첫째, 고등학교부터는 갑자기 어려워지기 시작한다. 그때 가서 따라가려면 힘들어서 포기하게 된다. 지금 해라.

둘째, 대학이나 대학원 수업에서는 원서를 볼 때가 많다. 정말 도움이 된다. 지금 해라.

셋째, 인터넷 검색창에서 활용이 가능한 모든 학술 자료가 영어로 되어있다. 지금 해라.

넷째, 일단 알고 있으면 편하고 삶이 윤택해진다. 지금 해라.

다섯째, 단어를 많이 익히는 것이 팁이다. 단어를 활용하는 것은 문법적인 기술이다. 지금 해라.

초등학교 4학년 여름 방학에 우연히 필리핀 한 달 과정으로 어학연수 기회가 있었다. 지인이 참여하는 그룹에 우리 아이도 합류시키자는 제안이었다. 지인의 아이는 영어학원을 다니지 않는다는 말에 솔깃한 것이 사실이다. 초등 고학년과 중학생으로 구성된 그룹에 막둥이로 아들이 함께하게 되었다. 긴 이별은 처음이라 낯설고 염려되었다. 일단 아이가 할 수 있겠다고 해서 결정은 했지만, 아직 어린데 너무 섣부른 판단인가 싶기도 했다.

일주일도 아니고 한 달이나 국내도 아닌 외국에서 보낼 수 있을까 걱정스러웠다. 몇 번 다짐을 받고 공항으로 향했다. 일행 중 몇몇은 방학 때마다 나갔다온다고 했다. 잘 챙기겠다며 오히려 나를 염려하는 눈치였다. 아이도 비행기를 탈 생각에 약간 흥분하고 있었다. 아이는 떠났고 그 해 뜨거운 여름은 유독 더디 지나는듯했다. 가끔 국제번호가 찍히면 무슨 일이 있나 간이 콩알만해지고는 했다.

한 달을 마치고 아이는 무사히 돌아왔다. 영어를 얼마나 배워왔느냐는 아무것도 중요하지 않았다. 나와 남편은 아이의 결정에 대해 아이 스스로 약속을 지켜낸 것에 큰 점수를 주기로 했다. 훌쩍 자라버린 것 같은 아이를 안아주며 힘들지 않았냐고 물었다.

"엄마, 아빠가 보고 싶으면 오카리나 불면서 잊어버렸어요!"라고 담담하게 대답했다. 혹시 모르니 좋아하던 오카리나를 챙겨가게 했는데 현명한 대안이었다. 학교에서 1인 1악기로 오카리나를 배우던 중에 요긴하게 쓰이다니 감격스러웠다. 매해 갈 수 있으면 가자던 약속은 그 이후 현지 치안 문제 등이 불거지면서 끝나고 말았다.

나는 자신있게 말할 수 있다. 한 달간 아이는 영어를 완벽하게 익히거나 배운 것은 결코 아니다. 대신 부모의 염려와 사랑은 충분히 느꼈을 것이다. 어떻게 한 달을 보내야 하는지 스스로 루틴을 세워갔을 것이다. 부모는 아이를 믿고 격려와 응원을 보내는 데만 집중하면 된다. 아이는 부모의 사랑을 먹으면서 스스로 성장해가기 때문이다.

따뜻하게 훈육해라

훈육이란 단어와 따뜻함이란 말이 과연 어울릴까? 중학교 2학년을 준비 중인 작은아들은 1학년 동안은 자유학년제로 운영되었다. 중간고사와 기말고사 등 지필평가가 없어서 시험에 대한 부담이 없다는데 학생들은 환호할만 했다. 시험 대신 스스로 꿈과 끼를 찾을 수 있도록 다양한 진로 탐색을 해나갈 수 있도록 한다는 데 목적이 있다.

작은아들은 학교 운동부에서 활동 중이다. 겨울방학 동안 동계 훈련에 참가하느라 학기 중일 때보다 더 바쁘게 시간을 보내고 있다. 운동부에서 활동할 수 있도록 하는 조건이 '학업에도 충실하고 일정 수준을 유지한다'였다. 아이는 약속했고 수학학원 수강을 요청해왔다. 스스로 결정한 선택을 수용했고 겨울방학부터 학원에 다니기로 계획되어 있었다. 그런데 동계훈련 일정과 맞물려 학원에 꾸준히 가지 못하는 상황이 되었다. 결국, 평일 수강을 주말에 몰아서 하는 것으로 의논해 결정되었다.

꿈 같은 토요일 10시. 작은아들이 학원 선생님과 만나기로 한 날이다. 하지만 아직 이불 속에서 뭉그적대고 있다. 엄마인 나는 그러고 있는 아이를 보니 울화통이 터진다. 약속은 지켜야 하니까 말이다. 몇 차례 아이를 부르며 깨워줬다. 아들은 눈을 감은 채 알았다는 대답을 해왔다. 약속 시간이 가까워지니 마음은 더 바빠졌다. 말이 좋지 않게 나올 것 같아서 나는 얼른 자리를 피했다. 덕분에 아들은 노래까지 부르며 준비를 마쳤고 시간 내에 학원에 갈 수 있었다.

아이 기분을 상하게 만들 수도 있었던 상황이 잘 마무리되었다. '입술의 30초가 마음에는 30년을 간다'라는 말이 있다. 아이가 스스로 노력한 부분에 초점을 맞춰 살피려고 노력할 것이다.

사춘기를 보내고 있는 아들 둘은 말을 잘하는 편이다. 그것도 논리적으로 잘한다. 워낙 정보력이 뛰어난 세상을 살고 있어서인지 박학다식한 것도 사실이다. 정치, 경제, 사회, 문화, 외교에 이르기까지 장르, 국적 불문 아이들의 관심사도 다양하다. 한번은 음악 프로를 함께 보다가 래퍼가 랩을 하는 모습에 나는 "뭐라고 하는 거야? 노래는 가사가 주는 절절함이 있어야지!"라고 말했다. 요즘 랩에 푹 빠져있는 아이가 논리적으로 반격했을 것은 뻔하다.

지극히 주관적인 생각을 전체의 생각인 것처럼 말하지 말라고 했다. 다음은 무슨 말을 이어갈까 궁금해져 가만히 있었다. 솔직히 말하면 반박할 여지가 없었다는 말이 맞을 것이다. 보통 랩은 래퍼의 인생을 이야기하는 경우가 많다고 했다. 자세히 들어보니 정말 그런 것도 같았다. 자신이 피나게 노력한 결과이며 실력을 인정받는 기준이 된다고 했다. 너무 관심 없고 무지한 것 같아 살짝 부끄러워졌다. 잘 모르는 것은 모른다고 하는 것이 가장 현명한 방법인 것 같다. '하여간, 내 취향은 아니라고'라며 둘러댔다.

아이를 키우다 보면 훈육의 딜레마에 빠지게 될 때가 많다. 너무 심하게 하면 아이의 기가 죽거나 트라우마에 빠지게 될 게 걱정스럽다. 그렇다고 너무 허용적이면 버릇이 없는 제멋대로의 아이로 성장하게 되지 않을까 염려되기도 한다.

자녀를 둔 부모라면 누구나 한 번 이상은 겪어 봤을 일이다. 장보러 간 마트에서 아이는 본인의 목표를 굽히지 않는다. 카트 안에서 내리지 않거나 요구가 수용될 때까지 울며 버틴다. 감기에라도 걸려 소아과에 다녀온 후 병원 옆 약국에 들렀을 때는 또 어떤가? 아이의 눈높이와 맞게 진열된 좋아하는 캐릭터가 그려진 다양한 종류의 비타민들을 사달라고 조른다. 아픈 아이를 또 울릴 수도 없는 노릇이다.

지금은 아이들한테 말로 반박하는 것이 어려워졌지만(논리적인 반격에 대한 공부가 모자란 탓이다) 아이가 어렸을 때는 정말 많은 말을 하면서 아이를 키웠던 것 같다.

대부분이 그렇겠지만 나는 약속을 특별히 중요하게 생각한다. 못 지킬 것 같은 약속은 애초에 대답하지 않는다. 그래서 더러는 아이들이 서운해할 때도 있다. 아이와 마트를 가거나 병원을 갈 때는 수없이 말을 한다. 마트나 약국에 와 있는 것처럼 되도록 구체적으로 이야기를 해준다. 그 다음 아이와 약속한다. 아이가 가지고 싶어 하는 것들은 대부분 집에 있거나 비슷한 것을 요구할 때가 많다. 그때 나는 "안 돼!"라고 말하기보다는 "집에가서 찾아보고 없으면…"이라는 단서를 붙이며 한 박자 쉬어가기를 시도하고는 했다. 그리고 그 장난감에 대해 아이가 알고 있는 것들을 말하게 했다. 그러다 보면 사고 싶다는 생각보다 엄마와 이야기하는 재미에 푹 빠져 평화로운 장보기를 마칠 수 있었던 경험이 있다. 상대방을 설득할 수 있는 의사소통 능력이야말로 많은 대인관계를 성공적으로 이끄는 핵심 역량이다.

데일 카네기(Dale Carnegie)는 대인관계 원칙에서 다음과 같이 말했다. 논쟁은 피하는 것이 최선이라며, 논쟁에서 이겨도 감정을 얻어내지 못하면 결과적으로 승리자가 될 수 없다고 했다. 누구도 논쟁에서 결코 승리할 수 없으며 논쟁에서 진다면 진 상태로 끝나는 것이고, 이긴다고 해도 그것은 결국 지는 것이라고 했다. 논쟁은 상대방에게 열등감을 주고, 자존심에 상처를 주기 때문이다. 논리적인 사람은 거의 없다고 했다.

훈육의 과정 역시 아이와의 논쟁의 연속인 셈이다. 아이를 설득하는 능력은 부모의 대인관계 능력임을 명심하자.

핑크퐁의 〈아기 상어〉가 전 세계를 강타했다. 2020년 11월 전 세계 유튜브 조회수 1위로 기네스북에 등재됐다. 유엔인구기금(UNFPA)이 발표한 전 세계 인구 약 78억 명을 뛰어넘은 수치다. 조회 수 기준으로 지구상의 모든 인구가 적어도 한 번씩 '아기상어 댄스' 영상을 본 셈이다. 글로벌 시대라는 말을 실감하게 하는 대목이다.

아기 상어의 '뚜루뚜루뚜~'의 중독성 있는 멜로디는 어린이집에서도 단연 인기였다. 울고 있는 아이도 웃음을 되찾게 되는 명약이 되었다.

어린이집에서 막내인 두 살 남자아이가 있다. 자기 몸만큼 큰 대형상어 모형을 들고 등원했다. 어린이집 현관에서는 뺏으려는 엄마와 뺏기지 않으려는 아이와의 협상이 벌어지고 있었다. 나는 그 엄마의 태도에 놀라지 않을 수 없었다. 차분한 목소리로 가지고 가면

안 되는 이유를 설명하고 있었다. 대부분은 그냥 뺏듯이 가져가거나, 울리지 않으려고 가방에 넣어달라고 부탁하고 가는 경우가 많다. 하지만 그 엄마는 두 살 아이를 이해시키고 설득하고 있었다.

중재자로 나선 선생님 덕분에 협상테이블은 정리되었고 대형상어는 아이 엄마와 함께 집으로 돌아갈 수 있었다. 다음 날 엄마는 작은 상어 모형을 반 아이 수만큼 챙겨 오셨다. "친구들하고 가지고 놀게 해주세요." 그날 그 아이와 반 친구들은 작은 상어 모형과 함께 아기 상어 노래에 한껏 빠져 놀 수 있었다. 비록 혼자서 다 갖겠다는 약간의 분쟁도 있었다. 하지만 아이의 마음을 인정하려는 현명한 엄마의 대처에 박수를 보내는 순간이었다.

따뜻한 말의 위력을 우리는 수도 없이 경험하게 된다. 아이들은 자라면서 다양한 문제를 만들고 나름대로 그 문제를 극복하거나 해결하면서 성장해간다. 부모의 훈육은 이러한 다양한 문제에 대한 예방과 재발 방지의 차원이다. 하지만 훈육에도 방법이 있다. 부모의 입장에서 판단하고 무조건 가르친다고 해서 효과가 있을 리는 만무하다. 현명한 부모라면 제대로 훈육 습관이 만들어지도록 노력해야 한다.

훈육의 사전적 의미는 '품성이나 도덕을 가르쳐서 기름'이다. 자신의 아이가 바른 품성과 도덕성을 가진 아이로 자라게 하기 위해서는 부모의 훈육은 종종 필요하다. 한 부모에게서 태어난 형제도

제각각 기질이 다르고 성향이 다르다. 자녀의 기질을 이해하고 그 아이의 성장 시기에 맞는 훈육방법을 찾고 인내심을 가지고 실천하는 것이 중요하다.

훈육의 진정한 의미를 다시 되새겨보자. 부모라면 누구나 가능하고 할 수 있는 자신의 아이를 믿고 따뜻하게 훈육하는 일이다. 그 속에서 자녀와의 관계가 더 끈끈해짐을 발견하게 될 것이다.

아이를 믿는 일인자가 되어라

자신의 자녀를 전적으로 믿어주는 부모가 얼마나 될까? 나도 다른 부모들에게는 무조건 아이를 믿고 기다리라는 말을 쉽게 한다. 하지만 정작 내 아이 앞에서는 항상 아쉬운 마음이 들 때가 많다. 하지만 부모라면 두려워 말고 자녀를 믿어줘야 한다는 결론에는 전적으로 동의한다. 부모가 아이를 믿고 있다는 확신을 줄 때 아이는 더 많이 움직이고 스스로 깨닫게 된다.

아이를 키우는 부모라면 한 번쯤은 스마트폰과의 전쟁을 치르지 않았을까 생각한다. 우리 집도 예외는 아니다. 두 아이가 초등학교 저학년 때는 단순한 기능의 폴더폰을 사용했다. 아이들도 요구하거나 필요하다고 느끼지 못하는 것 같았다. 우리 부부 역시 전자기기는 가장 단순한 것이 정석이라고 믿고 있었다. MS-DOS(마이크로소프트사에서 개발한 것으로, Windows 이전에 사용되던 운영체제) 세대라면 그럴 만하다 싶을 수도 있겠다.

작은아들이 고학년이 되면서 스마트폰을 요구해왔다. 큰아이와는 달리 녀석의 생각은 확고했다. 스마트폰을 가진 친구 대열에 합류하고 싶었던 모양이다. 내가 봐도 컴퓨터가 필요 없을 정도였으니 가히 신세계라는 이유를 알 것도 같다. 어느 날 슬쩍 휴대폰 이야기를 꺼냈다. 바꿔야 될 시기도 되었고 큰 고민 없이 적당한 성능의 스마트폰으로 바꿔 줬다. 다행히 작은아들은 만족해했다.

문제는 한번 손에 들면 내려놓기가 힘들다는 데 있었다. 자꾸 부딪히게 되는 경우도 여기에 있다. '폴더폰으로 바꿔 버린다'라는 말은 이제 귓등으로도 듣지 않는다. 그렇지 않을 것을 잘 알기 때문이다. '너 스마트폰 중독이야!'라는 말도 흘려듣는다. 자신은 중독이 아니라는 자신이 있어서다. 그런 말을 하는 엄마도, 듣는 아이에게도 득이 되는 것은 하나도 없다. 스스로 조절하고 스스로 결정할 수 있도록 아이들을 믿어주는 편이 훨씬 효과적이었다.

하루는 아이에게 "적당히라는 말의 의미 알지! 네가 판단하기를 바란다"라고 말했다. 아이는 놀랍게도 내가 보기에도 적당한 선에서 휴대폰을 내려놓았다. 그리고는 다른 일에도 집중해서 몰입하기도 했다. 아이에게 스스로 결정할 수 있도록 믿어주는 것이 부모가 할 수 있는 최고의 제안이고 방법이다. 따뜻한 말 한마디가 오히려 아이의 마음을 움직인다는 건 부모라면 이미 너무나 잘 알고 있는 사실이다.

아들이 영어학원에 다닐 때의 일이다. 하루 분량의 단어를 외우고 스스로 단원 평가를 한다. 문제를 다 풀고 나면 선생님과 답안을 확인하는 것이 일과이다. 아들은 문제를 모두 풀고 손을 번쩍 들어 표시했다. 문제 풀이 속도가 빠르다고 느낀 선생님은 상황 파악 없이 대뜸 아들에게 한마디 던졌다. "답지 보고 컨닝했지!"라고 말이다. 다른 학생들도 있는 자리에서 벌어진 일이었다. 아이는 아니라고 대답했다. 선생님은 여전히 의심하는 눈치였다. 결국 아이에게 재시험을 보게 했다.

학원에서 돌아온 아들 표정이 이상해서 물었다. "무슨 일 있었어?" 한동안 식식거리던 아들이 학원에서 있었던 일을 이야기했다. 엄마인 내가 들어도 속상할만 했다. 더 당황스러운 것은 아니라는 아이 말을 들어주지 않았다는 것이다. 우리 부부는 아이 말을 듣고 다시 물었다. "어떻게 하면 좋겠니? 네 생각을 말해봐!" 아들의 대답은 명쾌하고 짜릿했다. "영어를 배우고 알아가는 건 정말 좋은데요. 그 선생님께 배우기는 싫어요. 학원 바꿔주세요!" 우리는 흔쾌히 그러자고 했다. 그리고 나는 학원 원장에게 아이가 학원을 옮기게 된 이유를 말했다. 전화를 받은 선생님은 별일 아니라는 듯 장황하게 설명하기 시작했다. 엄마인 나한테까지 아이의 불쾌한 마음이 전해졌다. 선생님이 대처가 기분이 나빴다. 차라리 아이가 조금 부풀려 말한 것이었으면 좋았겠다는 생각을 했는데 말이다.

우리 부부는 아이에게 직접 학원을 알아본 후 결정하도록 했다. 얼마 후 반 친구가 다니는 학교 근처 학원에 다니겠다고 전해왔다. 아이를 믿고 아이에게 결정할 수 있는 시간을 줬을 뿐이다. 스스로 결정한 일에는 책임과 의무를 다하려는 마음이 생겨난다. 나는 이 일을 경험하면서 꽤 괜찮은 결정이었다는 생각을 하며 뿌듯했다.

대한민국의 학생들이 세계에서 가장 오랜 시간 책상에 앉아 공부한다고 한다. 하루는 올해 고등학교에 입학하는 큰아들이 물었다. "엄마는 제가 뭘 하면 좋겠어요?" 드디어 미래에 대해 진지하게 고민을 하고 있나 보다 하는 마음에 반가웠다. 그리고 나름 신중히 대답해줬다. "네가 제일 행복한 걸 하면 좋겠어!"라고 말이다. 실수였다. 졸업식 전에 생활기록부에 작성될 장래희망을 담임선생님께 알려달라고 했다는 것이다.

오늘 중으로 연락이 없으면 모두 초등교사로 기록할 거라고 하셨다고 했다. 센스 넘치는 선생님의 설득력에 한바탕 웃었다.

"너 초등교사 해도 너무 잘할 것 같은데?"라고 대답해줬다. 아이는 멋쩍게 웃었다. 초등학교 교사는 못 하겠던지 선생님께 연락을 드렸다고 했다. 국민 MC 유재석 같은 진행자가 되겠다고 했다는 것이다. 나도 모르게 피식 웃음이 나왔다. 잠깐 한 고민치고는 제법 구체적이라는 생각이 들었다. 이유야 어쨌든 스스로 미래를 고민해본다는 건 칭찬할만한 일이다. 아들을 향해 엄지손가락을 세워줬다. 녀석이 콧노래까지 흥얼거렸다. 평소 말솜씨가 좋다는 평을 듣기도 해서 정말 잘 다듬어진다면 가능하지도 않을까? 초등교사도 좋고 방송인도 좋다. 또 다른 어떤 것도 괜찮다. 다만 자신이 하고 싶은 분야에서 역량을 펼치면서 스스로도 행복했으면 좋겠다.

인간은 어떤 것을 선택할 수 있을 때 행복을 느낀다. 성인은 물론 아이의 경우도 마찬가지다. 아이를 이해한다고 하면서도 때때로 아이의 생각과 결정은 무시된 채 부모가 원하는 방향으로 선택되는 경우가 허다하다. 부모 대부분 자녀가 조금이라도 쉽고 편안하게 가는 길을 알려주기 위해서라고 말한다. 이는 부모양육권이 자녀의 자기결정권보다 우세함을 의미한다. 무조건 아이의 결정을 존중하는 것은 현실적으로 불가능하다. 다만 결정 과정에서 타협과 조율의 시간이 필요하다.

자녀 스스로의 생각과 판단을 통해 이해하고 결정할 수 있는 결정권을 보장해줘야 한다. 이 경우 아이는 자신의 의견이 반영되었다는 느낌을 받게 된다. 동등한 인간으로 대우받은 것 같은 자기만족감과 자신감을 느끼게 된다. 자기주도적이며 자아존중감이 높은 아이로 성장해간다. 부모의 일방적인 결정과 아이와 함께한 결정과는 그 결과에서도 차이가 난다.

자신의 의견이 반영된 결정에서는 반드시 그에 상응하는 책임이 따르게 됨을 스스로 알아가게 된다. 자기 결정에 대한 책임을 완수하려는 노력과 의지가 뒤따르게 되는 것이다. 그런데도 목표에 도달하지 못하거나 실패할 수도 있다. 이 경우에도 자신의 결정이 잘못되었거나 실패에 대한 재해석을 통해 문제를 해결하려는 자기주도적인 사고를 하게 된다.

어린이집에서 놀이 상황을 보면 친구가 하는 것은 무조건 내가 가지려는 아이를 흔히 볼 수 있다. 막상 가지고 놀기보다는 친구에게서 뺏으려는데 목적이 있어 보인다. 몇 번 뺏기를 시도하다가 안 되면 무조건 선생님을 찾아 도움을 요청한다. 이 경우 상대방 친구가 싫다고 하면 참거나 기다릴 수 있어야 한다. 스스로 친구에게 요청하는 방법을 알려주어야 한다. "그래도 안 줘요!"라는 말할 것이 뻔하다. 그렇다면 지금은 줄 수 없는 상황임을 인정하게 해야 한다.

친구가 수락할 때까지 요청하거나 다른 방법으로 접근할 수 있도록 유도하는게 맞다. 친구와 설득하고 타협하는 과정에서 아이는 상대방 친구의 마음을 이해하는 시간을 가지게 된다. 부모나, 교사가 일상에서 상대방과 의견을 조율하는 방법을 보여주어야 한다. 상대방이 싫다고 하면 상대가 아이라고 하더라도 받아들여야 한다. 적절한 시기에 성숙한 방법으로 개입해야 한다. 자기 스스로 문제를 해결하려는 능력은 스스로 결정할 수 있을 때 발달한다. 자아존중감이 높다는 것은 자신의 결정을 믿고 그 결정에 책임진다는 의미다.

아이 스스로 행복한 삶을 살기를 원한다면 아이의 능력을 믿고 아이 스스로 결정할 수 있는 시간을 주자. 그리고 아이의 결정을 인정하고 지켜보는 어른이 되자.

인정 5, 비난 1의 비율을 지켜라

우리는 말 한마디로 세상에서 가장 행복해지기도 하고 가장 큰 마음의 상처를 입기도 한다. 특히 가까운 사람이나, 소중한 가족에게서 듣게 되는 가시가 돋힌 말들은 상처가 오래 간다. 우리는 사랑하는 사람들과 잘 지내고 싶으면서도 무수한 갈등을 경험하게 된다. 부모와 자녀의 관계도 마찬가지다.

사람과의 관계를 유지하는 방법에 관한 '인정 5번, 비난 1번의 법칙' 실험이 있다. 하버드대학교 협상심리연구센터의 다니엘 샤피로(Daniel Shapiro) 소장은 사랑하는 가족, 커플들끼리 각자 방에 들어가게 하고 그들이 최근에 겪은 갈등에 대해 이야기를 나누게 했다. 그리고 그들의 미래 관계를 예측했는데 정확도가 90% 이상이었다고 한다.

이 실험에서 주목할 점이 있는데, 바로 커플들이 갈등과 다툼을 풀어가는 방법이 달랐다는 점이다. 인정1 대 비난1의 법칙을 보인 커플은 좋지 않은 관계로 끝이 났다. 그러나 인정5 대 비난1의 법칙을 대화에 적용한 커플은 수년 동안 좋은 결과를 유지했다는 것이 확인됐다. 사람들이 가장 중요하게 생각하는 감정이 '인정'이었다.

부모는 자녀를 낳는 순간부터 본능적으로 사랑한다. 하지만 그 사랑을 어느 만큼 표현하고 있는지는 되짚어봐야 할 일이다. 내 아이에게 얼마나 사랑하고 있는지를 알려주는 것이 부모가 해야 할 일이다. 부모는 아이를 어른으로 만들어주는 사람이다. 아이의 어린 시절을 어떤 모습으로 채워줄까를 고민해보면 답은 바로 나온다.

겨울방학과 코로나19로 반드시 필요한 외출 외에는 하지 않게 되었다. 큰아이는 한 시간 정도 근처 학원을 다녀오는 일 외에는 집에만 있는다. 방학이라 놀다 보면 자정이 넘어야 잠자리에 들고는 한다. 몇 번 말해보다가 방학 동안만이니 봐달라는 말에 그러겠다고 했다.

평일에는 출근을 하기 때문에 만날 일이 없으니 불편함이 덜하다. 하지만 집에 있는 주말과 휴일엔 다르다. 토요일 오전 10시가 되었는데도 인기척이 없어 큰아이를 불렀다. 아직 일어나지 못한 것 같았다. 나도 모르게 혀를 끌끌 차게 되었다. 그런데 화장실에서 나오다가 "저 일어났거든요!"라고 대답했다. 나는 "일찍 일어났네!" 하며 말을 돌렸다. 큰아이는 엄마인 나의 태도에 대해 진정성이 없다고 했다. 계속 자고 있었다면 얼마나 더한 말들을 했겠냐는 것이다. 그렇지 않다고 말할 수도 없어서 가만히 듣고만 있었다. 그리고 방학 때만 좀 느슨해지겠다고 했는데 자꾸 딴지냐고 몰아세웠다. 듣고 보니 정말 하나도 틀린 말이 없었다. 아이의 결정을 인정했으면 믿고 지켜봐주면 되는데 나는 왜 그걸 그렇게 힘들어 하는지 모르겠다. 툭하면 불평하고 비난 섞인 말을 하게 된다.

부모는 아이가 행복하게 살아가길 바란다. 아이의 행복한 삶을 위해서는 부모가 지켜야 할 원칙이 있다. 무엇을 해줘서 도움을 주기보다는 하지 말아야 할 것들을 하지 않는 것으로 아이에게 해를 끼치지 않는 것이 훨씬 아이를 위하는 일이다.

행복의 원칙은 부귀영화도, 권력이나 명예도 아닐 것이다. 보통의 사람들은 마음 편하게 살아가는 것이라고 대답한다. 그 쉬운 마음을 편하게 왜 못 해줄까 생각하니 부모될 자격이 없는 것 같다는 자책까지 하게 된다.

화내지 않고 아이를 키우는 일은 결코 쉬운 일이 아니란 것을 안다. 하지만 화를 내는 데에도 원칙이 있다. 마법과 같은 인정5 대

비난1 법칙을 적용해보자. 처음은 나처럼 잘 안될 게 뻔하다. 어색하고 어려울 수 있다. 아이의 말을 잘 듣는 것에서부터 시작하면 된다. 아이가 편안하게 자신의 말을 끝까지 할 수 있도록 시간을 주는 것이다. "그렇구나", "네 말이 맞네!", "너라면 그럴 수 있지!", "그래, 그런 말이었구나!"처럼 아이의 말을 끝까지 들어주고 아이의 마음을 이해해주는 것이 아이를 인정해주는 대화의 시작이다.

잘 들어줘야지 마음을 먹다가도 바쁘다는 핑계로 때로는 말도 안 되는 엉뚱한 소리를 한다는 이유로 아이의 말을 중간에 멈추게 하거나 오히려 화를 내게 되는 경우가 있다. 아이의 생각이나 표현을 부모의 생각대로 결론지어버리는 경우도 있다. 이런 상황이 반복될 때 아이는 부모에게 인정받지 못한다는 생각을 하게 되며 결국은 부모와의 대화도 단절될 수 있다. 부모는 아이를 성장시켜야 할 의무가 있는 존재다.

실패하더라도 최소한 다섯 번은 아이에게 진정성 있는 공감을 해주려고 노력해야 한다. 인정 5 대 비난 1의 법칙은 하루 다섯 번 아이를 인정하려는 노력이다. 아이와의 대화에서 부모가 이겨야 할 이유는 없다. "그래", "그렇구나", "네 말이 맞았어!"라는 말로 아이와의 대화를 시작해보자. 아이와의 관계가 훨씬 부드러워지고 오래 간다.

어린이집 교사들의 상호작용에서 눈에 띄게 자주 사용되는 말은

"~구나"라는 표현이다. "그랬구나!", "속상했구나!", "갖고 싶었구나" 등 아이를 이해하고 수용하는 마음이 담긴 말이다. 교사의 따뜻한 말 한마디가 울면서 속상한 아이의 마음을 녹여내기도 한다. 어른인 나도 들으면 기분이 좋아지는 표현이다. 아이의 감정을 교사가 소리 내어 아이에게 다시 들려준 후 아이가 환기하도록 시간을 주는 것이다.

하늘이 엄마는 하늘이와 밥을 먹고 나면 진이 빠진다며 늘 울상이다. 식습관이 엉망이라며 어떻게 하면 좋겠냐고 자주 물어온다. 어린이집에서 식사하는 모습을 동영상으로 담아 보내드렸더니 깜짝 놀랐다. 하늘이 엄마는 "어머, 선생님! 완전히 이중생활이네요!" 라며 호들갑을 떨었다. 하늘이의 특이한 식습관은 식판에 배식한 음식 중 언제나 깍두기나 김치부터 먹는다. 자극적이지 않게 제조된 음식이라 크게 염려하지는 않는다. 김치나, 깍두기를 먹은 후에는 다른 반찬을 차례로 먹은 다음 밥과 국을 제일 마지막에 먹는다.

담임교사가 숟가락에 밥을 먼저 떠서 반찬을 얹어주거나 국물에 밥을 적셔 먹여주기를 시도했었다. 몇 차례 지도를 해봤지만 하늘이는 완강히 거부했다. 집에서는 어떻게 먹는지 궁금해서 하늘이 엄마와 상담을 진행했다. 바쁜 엄마들이 그렇듯 하늘이 엄마도 워킹맘이다. 국물에 밥을 말아 몇 숟가락이라도 먹인 후 출근을 해야 마음이 편하다고 했다. 부모 노릇을 한 것 같은 안도감이 느껴진다는 것이다. 처음 몇 번은 잘 받아먹었다고 했다. 국물에 밥을 말아 엄마가 먹여주는 아침 식사였다. 이제는 입도 대지 않으려고 한다고 했다. 먹이려는 엄마가 먹지 않으려는 하늘이와의 밥상 전쟁이 시작되는 것이다. 나는 혹시 엄마도 함께 식사하는지 물었다. 한 번도 함께 앉아 먹어보지 않았다고 했다. 심지어 저녁 시간도 아이를 먹이는 것에 집중하다 보면 함께 먹는 경우가 드물다는 것이다.

언제나 바쁜 엄마를 보며 하늘이는 불안한 마음이 들었을 것이다. 출근을 위해 국물에 말아 욱여넣는 아침밥은 모래알을 씹는 것 같았을 것이다. 먹지 않는다고 엄마는 야단치고 소리까지 질러댔으니 누구라도 그런 아침 식사는 사양하는 것이 맞겠다.

하늘이 엄마는 달래다가 안 되면 "마음대로 해!", "너! 아기된다", "엄마만 간다"라는 말로 하늘이를 공포의 도가니로 몰아넣게 된다는 대답도 들을 수 있었다. 놀란 하늘이는 울고 엄마는 출근길이 배로 분주하고 힘들어진 상황에 놓이게 된다는 것이다.

나는 인정 5 비난 1의 법칙에 대한 이야기를 전했다. 아무리 힘든 상황이어도 하지 말아야 할 것은 비난의 말을 참아내는 용기라고 말했다. 물론 이 세상 모든 엄마가 알고는 있는 사실이지만 실천이 어렵다는 걸 너무 잘 알고 있다. 그리고 어린이집에서 간식과 점심을 먹으니 아침 먹이느라 에너지를 빼지 말라고 했다. 그 시간에 잠깐 하늘이와 놀아주는 것으로 출근 전 시간을 보내는게 좋겠다고 했다. 하늘이 엄마는 아침을 안 먹여도 된다는 말에 너무 좋아했다. 그동안 엄마도 많이 힘들었다는 것이 느껴졌다. 나는 하루에 한 가지만이라도 하늘이가 가장 예쁜 모습을 떠올리면서 화를 참아보라고 했다. 나도 역시 인정5 비난1의 법칙을 잘 지키는 엄마는 아니다. 하지만 아이를 있는 그대로 바라보려고 부단히 애써보는 중이다.

부모는 자녀를 있는 그대로 사랑해줄 의무를 지닌 사람이다. 부모보다 약자인 자녀에게 사랑을 전달하는 말에 힘을 실어주자. 인정해주는 말에는 상대에 대한 애정과 배려와 관심이 듬뿍 묻어있다. 당연히 칭찬과 격려의 말이 뒤따르게 된다. 설령 비난의 말을 하는 실수를 범했더라도 인정의 말을 많이 하는 것으로 만회할 수 있다는 것을 명심하자.

인정의 말은 자녀들이 평생 기억하고 삶을 살아가는 데 영향을 받는다는 것을 잊지 말자. 부모는 본능적으로 자녀를 무조건 사랑하는 능력이 있는 사람이다.

화를 조절하는 모범을 보여라

서양 격언에 '자식은 부모의 거울이다'라는 말이 있다. 우리는 종종 "어쩜 그렇게 아빠, 엄마 판박이니?"라고 말할 때가 있다. 나 역시 아이들에게서 좋지 않은 모습을 발견할 때는 남편을 닮은 것으로 몰아붙이는 경우가 있다. 이처럼 부모라면 아이들에게 뒷모습이 부끄럽지 않아야 한다는 의미다. 그렇다면 나는 과연 어떤 부모인지 잠깐 생각해보게 된다. 두 아이를 키우면서 아이들에게 보인 나의 뒷모습은 어땠을까를 돌이켜보니 쥐구멍이라도 찾고 싶어진다.

며칠 전 일이다. 우리 집에서는 빨래를 개는 일은 내가 거의 전담하는 편이다. 빨래가 많은 날은 꽤 시간이 오래 걸린다. 거기에다 뒤집힌 양말이 있거나, 한쪽 소매가 말려 들어간 티셔츠라도 있으면 신경이 곤두서게 된다. 빨래를 정리하고 건넌방에 있는 아이를 불렀다. 대답이 없었다. 두 번째 불렀는데도 반응이 없었다. 갑자기 화가 치솟았고 나는 세 번째 아이를 부르는 소리로 "야!"를 외치고 말았다. 급기야는 접어놓은 옷가지들을 아들 방 침대 위로 내던졌다.

그런데도 반응이 없을 때는 그야말로 당혹스럽다. 화남, 서운함, 짜증 등 여러 복잡한 감정들이 교차한다. 아이는 나를 빤히 쳐다보더니 "엄마! 또 시작이세요?"라고 말했다. 빨래를 갤 때마다 짜증을 내지 말고 차라리 그냥 두라는 것이다. 본인이 알아서 하겠다고 했다. 이럴 때 마다 고맙다고 느꼈던 감정이 사라지고 만다고 했다. 차곡차곡 쌓여도 시원치 않을 판에 들었던 마음까지 없어진다니 충격적이었다. 정신이 번쩍 들었다. 별일도 아닌 일에 화를 냈다는 생각이 들면서 부끄러워졌다. 미안하다, 아들아!

우리는 '화'와 꽤 가까운 관계를 유지하며 살아간다. 한국문화와 관련한 정신병의 일환으로 화병(Hwa-byung)이란 한국적 표기가 국제적으로 있을 정도다. 그런데 한 번 화를 내는 동안에 무려 8만 4천개의 몸 속 세포가 죽는다고 한다. 정말 놀라운 일이 아닐 수 없다. 화를 내게 되면 스트레스 호르몬이 갑자기 증가한다고 한다. 우리가 흔히 알고 있는 아드레날린이 대표적이다. 이로 인해 혈압이 올라가고 혈관에 응고물질이 증가하게 된다. 특히 뇌와 연관되어 기억력 저하, 치매 등이 발생할 수 있다고 한다. 어린아이는 감정을 행동으로 표현한다. 이는 자신의 마음을 알아달라는 적극적인 표현이다. 자신의 감정을 적절한 언어로 표현할 수 없기 때문이다.

어린이집에서도 집에서처럼 잘 때가 가장 예쁜 아이들이 종종 있다. 세 살 ○○이는 잘 놀다가도 기분이 상하면 뒤로 누우면서 큰 소리로 울어댄다. 우는 소리가 얼마나 큰지 어린이집 어른들은 모두 동원이 될 정도다. 그날 역시 바닥에 누워서 소리를 지르며 울고 있었다. 담임선생님이 달래는 말을 하면 더 크게 소리를 지른다. 경험에서 나오는 행동이다. 선생님이 안고 일으키려고 하면 발길질까지 해댄다. 많이 해본 솜씨다. 이 정도되면 지켜보는 이도 화가 날만하다. 그렇다고 그냥 둘 수는 없다(우리는 전문가이지 않던가?). 아이가 우는 이유를 알아내기란 여간 어려운 일이 아니다. 나는 울고 있는 ○○이의 손을 쓰다듬으며 낮은 소리로 말했다.

"○○아! 소리가 너무 커서 선생님이 깜짝 놀랐어. 선생님 귀가 두 개니까 작게 해도 들을 수 있어." 알아듣건 말건 누워있는 아이를 향해 손을 조물거리며 넋두리하듯 말했다. 그리고 다른 아이와는 놀이를 함께 해줬다.

만약 울고 있는 아이를 향해 혼을 내거나 부정적으로 대했다면 어땠을까? 상황은 아수라장이 되고 아이도 어른도 힘들어졌을 것이 뻔하다. 울음소리가 점점 작아지더니 스스로 일어나 앉았다. 나는 잘했다고, 이제 조용해졌다며 ○○이를 칭찬해줬다. 미성숙한 영유아의 경우에는 이유를 알아보려고 시도하기보다는 단순히 떼를 쓴다고 결론지어버리는 경우가 대부분이다. 어느 지점에서 아이의 감정이 흔들렸는지 알아주려는 노력이 필요하다. 알고 보면 너무 작고 사소한 일에 화나고 울고 떼를 쓰는 경우가 많다. 하지만 아이의 경우에는 그 순간이 가장 중요했을 것이란 걸 읽어주면 된다.

나는 동료 교사들에게 정성스럽게 아이들을 바라보자고 말한다. 나 스스로를 향한 다짐이기도 하다. ○○이를 대할 때마다 집에서도 이럴텐데 정말 힘들겠다는 걱정과 함께, 왜 이런 방법을 쓰도록 내버려뒀을까 염려스럽기도 하다. 아직 영유아를 키우고 있는 부모라면 더 강조해두고 싶다. 울고 소리를 지르고 떼를 쓰는 상황까지 만들지 말자. 아이의 작은 변화에 민감하게 반응하고 살펴봐 주기를 당부하고 싶다. 부모 스스로가 어떻게 화를 내고 참아내는지를 살펴보고 차근차근 수정해나갈 필요가 있다. 나는 아이에게 고마운 마음이 없어진다는 충격적인 말까지 들은 엄마다. 아직은 기회가 남아있으니 노력하는 수밖에 없다.

우리 부부는 평소 대화를 많이 하는 편이다. 특별한 주제를 놓고 토론을 하지는 않지만 사소한 일이나, 사회적 이슈를 궁금해 하며 이야기를 나눈다. 하루는 저녁 식탁에서 인터넷 뉴스에서 본 기사 내용을 이야기하던 중이었다. 서로의 생각을 주고받던 중 남편이 자기 입장을 고집하며 그게 맞다는 말투로 여러 번 반복해서 말했다. 작은아이와 남편은 의견이 대립했고 소리는 점점 커졌다. 큰아이까지 합세해서 의견은 분명하게 갈렸다. 내가 들어도 아들의 의견이 솔깃하게 와닿았다. 이제쯤 알았다고 인정하고 상황을 종료할 법도 한데 남편은 굽히지 않았다.

아들 둘을 상대로 벌이는 남편의 토론은 끝이 나지 않았다. 저녁상에서 반주를 몇 잔 하고 있던 남편은 취기를 느꼈는지 아이들을 향해 버릇이 없다는 쪽으로 몰아붙였다. 내가 들어도 이건 아니다 싶었지만 언제 끼어야 할지 선뜻 나설 수가 없었다. 큰아들은 소통이 안 된다는 결론을 내고 방으로 들어가 버렸다. 이 정도가 되면 나도 나서야 할 것 같았다. 큰아들을 불렀다. 큰아들은 더 이상 할 말이 없다면서 나오지 않았다.

남편은 화를 자주 내지는 않지만 두루뭉술하게 넘기는 편도 아니다. 남편이 아들 방으로 들어가려는 순간 입구에 있던 선풍기에 걸렸던 모양이다. 화가 난 남편은 선풍기를 발로 찼고 선풍기가 넘어지고 말았다. 이번엔 큰아들의 공격이 이어졌다. 폭력적이라는 것이다. 작은아들은 덩달아 아동학대라며 협공했다. 다음은 굳이 나의 고자질이 없더라도 뻔하지 않은가?

남편은 그날 아동학대와 가정폭력을 저지른 파렴치한이 될뻔한 크나큰 사건의 주동자가 되고 말았다. 화는 우리가 일상에서 경험하는 다양한 감정 중 하나다. 화를 낸다고 해서 꼭 나쁜 것은 아니다. 다만 적절한 방법으로 화를 냈는가가 중요한 것이다. 소리를 지르거나, 물건을 던지거나 어떤 것을 부수는 등의 행동 표현은 적절하지 않다. 지금도 선풍기를 보면 그날의 뜨거웠던 순간이 기억된다.

생각을 바꾸면 감정이 달라진다고 했다. 생각이 행동을 만든다고 했다. 화가 나는 순간 부정적인 행동으로 화를 표출하는 경우가 대부분이다. 심리 전문가들은 화를 행동으로 표출하기 전 단 1분간만 심호흡을 해보라고 권한다. 당연히 잘 되지 않을 테지만 원만한 인간관계를 유지하기 위해서는 노력하고 또 노력해야 한다.

그다음 물 한잔과 함께 무엇이 나를 화나게 했는지 생각해본다. 그리고 화나게 한 상대방의 말이나 행동을 즉각적으로 결론낸 것에 대해 한 번 더 생각해보라고 한다. 즉 화가 나게 했던 부정적인 생각을 '그럴만한 이유가 있지!'라는 긍정적인 생각으로 바꾸라는 의미다.

그런 말이야 누군들 못하겠냐고 할 것이다. 생각하고 말로 하는 것만큼 스스로를 변화시키는 방법은 없다. 우리 뇌는 거짓 웃음에도 행복하다고 느낀다고 하지 않았던가? 화내기 전 1분만 심호흡을 하며 시간을 벌어보자. 단 1분으로 화를 낸 다음의 엄청난 결과를 대신할 수 있다면 이 또한 얼마나 이득인가?

코로나19로 '잠시 멈춤'이 일상 용어가 되었다. 화가 나는 순간을 감지한다면 일단 멈춤을 실천하자. 그다음 이 부정적인 감정을 어떻게 표현해야 적당한지를 생각한 후 알맞은 방법으로 화를 내자. 부모나 교사는 몸만 어른이 아니라 마음까지 어른이어야 한다. 화를 꼭 억눌러야 한다는 것은 아니다. 잠시 멈춤으로 조절하는 시간을 갖자는 것이다. 아이도 부모의 화내는 방법을 그대로 배운다는 사실을 잊지 말자. 코로 들이마시고 입으로 내뱉기 1분이면 분노를 조절하는 성숙한 어른이 될 수 있다. 1분을 기억하자.

지나가는 말에도 마음을 담아라

"나는 크리스티나가 상상한 것처럼 민주주의가 발전했으면 합니다. 우리는 아이들의 기대에 부응하는 나라를 만들기 위해 최선을 다해야 합니다."

2011년 1월 12일. 총기 사건이 발생한 미국 애리조나주 남동부의 투산 지역에서 버락 오바마(Barack Obama) 대통령이 참석한 가운데 추모식이 열렸다.

이날 추모식에서 오바마 대통령은 51초간 연설을 멈추고 안타까움과 비통함을 호흡으로만 보여줬다는 일화가 있다. 어금니를 굳게 깨물고서야 연설을 이어나갔다. 그의 목소리는 무겁고 슬펐다. 낮게 천천히 이어지는 연설은 참석한 추모객들을 향해 고스란히 전달되었다.

이후 〈뉴욕타임즈〉에는 오바마 대통령은 미국 국민과 말만 주고받은 것이 아니라 마음을 주고받았다며 최고의 극적인 순간이 될 것이라는 기사를 실었다.

사람의 입을 통해 태어난 말은 다시 태어난 곳으로 돌아가려는 귀소본능을 가지고 있다. 그냥 흩어져 사라지는 것이 아니라 돌고 돌아 어느새 말을 뱉어낸 사람에게로 되돌아온다. 그러므로 말을 할 때는 최소 세 번 이상 신중하게 생각하고 해야 한다는 것이다.

얼마전 일이다. 평소 친하게 지내는 선배와 일상의 대화를 나누던 중이었다. 성격이 워낙 화통해서 선배와의 대화는 언제나 시원시원했고 뒷끝도 없는 편이다. 나에 대한 이야기도 거침없이 했다. 나도 비방하려는 것이 아님을 알기 때문에 기분이 나쁘지 않았다. 그 선배와 대화에서는 들을 것은 듣고 흘려버릴 건 흘려버리는 편이다. 선배를 잘 알고 인정하기 때문에 가능한 일이다.

선배의 참지 못하고 뱉어내는 직설적인 표현으로 종종 상처를 받는 사람들도 많다. 나는 그날 불편해하는 사람들이 있으니 말할 때 조심해주길 바란다는 뜻을 전했다. 진심으로 그 선배를 위하는 내 마음이 전달되기를 바랐다. 잘못하면 뒷담화라도 하는 것처럼 오해하기 좋은 상황이 될 수도 있었다.

아니나 다를까 일이 커졌다. 중간에서 말을 전한 나는 쥐구멍을 찾느라 애가 탔다. 선배는 말을 한 이와 지인들에게까지 뭉뚱그려 화를 퍼부어댔다. 서너 사람에게 기분 나쁜 감정을 쏟아내고서야 멈춰졌다. 괜한 말을 전했다는 후회도 말릴 새도 없이 상황이 벌어졌다. 그 일이 있고 나는 코로나19보다 더 무서운 마음의 감염으로 그 선배와 거리두기 중이다.

"귀는 친구를 만들고 입은 적을 만든다." 탈무드에 나오는 말이다. 경청의 중요성과 신중하게 말하기를 강조하는 말이다. 나는 컨디션이 별로다 싶은 날은 되도록 말을 많이 하지 않으려고 노력한다. 마음처럼 잘 되지 않아 말이 먼저 나올 때도 있지만 가능한 조용히 있으려고 하는 편이다.

평소 말이 좀 많은 편에 속하는 나는 이럴 경우 "무슨 일이 있냐?", "어디 아프나?"라는 말을 듣기도 한다. 그럴 땐 그냥 웃는다. 그리곤 가만히 상대방이 하는 말을 듣는다. 내가 생각하기에 맞는 말인 것도 같고, 틀린 말인 것도 같은데 그냥 들어주기로 했으니 들어준다. 말이 잘 통한다는 것은 상대방의 말에 맞장구를 치거나 동의하면서 대화에 적극적으로 참여하는 것이다. 그런데 듣기가 잘 되지 않을 때는 자기중심적인 사고에서 벗어나지 못하는 경우가 많다. 판단력이 부족해 옳고 그름이 분명하지 않을 때도 생긴다.

선거철이 되면 누가 들어도 심쿵하는 공약들이 쏟아져 나온다.

저마다 내건 공약을 얼마나 지키느냐로 평가를 받게 된다. 누가 봐도 터무니가 없는 약속들을 남발하기도 한다. 누군가를 위하는 것 같지만 결국은 자신을 위한 약속이 되는 경우도 많다. 그야말로 눈 가리고 아웅하는 격이다. 마음을 다해 말하고 약속해야 한다. 부모와 자녀 사이에서도 이는 마찬가지다. 많은 부모가 자신도 모르는 사이 아이에게 언어적 폭력을 휘두른다. 마음은 그렇지 않더라도 무심코 나온 한마디가 오해를 만들고 원망이 쌓여 관계를 어그러뜨리게 되는 경우가 있다.

며칠 전 가족과 식사시간에 있었던 일이다. 대선 후보들에 관한 이야기가 자연스럽게 식탁에 올랐다. A는 이렇고 B는 이렇다 이야기하던 중 의견이 다른 부분이 있었다. 부딪힐 것 같은 순간에 이르렀다. 나는 얼른 먹은 그릇을 치우며 일어섰다. 괜히 불편한 상황을 만들기 싫었다. 가만히 듣고 있었다. 위로와 공감 사회성과 정서발달은 후천적으로 발달하는 것이다. 사회적 관계가 좋은 아이로 키우기 위해서는 지나가는 말에도 사랑을 담아야 한다.

나에게는 언니가 한 분 있다. 어떤 경우에도 열정을 뿜어내는 강렬한 커리어 우먼이다. 못하는 것도 없고 겁내는 것도 없다. 그래서인지 언니 앞에서는 작은 내가 더 작아질 때가 많다. 언니는 말할 때도 망설이지 않고 시원시원하게 하는 편이다. 하루는 나에게 어떤 질문을 했다. 나는 어깨를 살짝 올리며 잘 모르겠다는 표정을 지어 보였다. 언니의 반응은 역시나 폭탄처럼 날아왔다. "너는 할 줄아는 게 아이들하고 노는 것 뿐이야!"라고 했다. 한두 번 들을 때는 "그게 얼마나 대단한 일인데!" 하며 웃어 넘겼다. 그런데 몇 번 들으니 마음이 상할 때도 있다. 내가 정말 아무것도 못 하는 무능한 사람인가라는 생각이 들기까지 한다. 그것도 내 아이들과 함께 있을 때는 더 그렇다. 언니는 정말 악의 없이 무심코 던지는 말임을 잘 안다. 진심의 표현도 아니란 걸 너무도 잘 알고 있다. 언제나 듣기 좋은 말만 해달라는 건 아니다. 다만 무심코 던진 말 한마디에도 마음의 상처는 크게 날 수도 있다는 것이다. 자주 보는 가까운 사이일수록 말하기는 더 신중해야 한다.

세상에서 가장 따뜻한 단어가 무엇인지를 묻는 것으로 시작했던 강연이 생각난다. 정답은 '가족(Family)'였다. 설명을 듣고 '아하!' 했었다. 언제나 사랑스럽게만 대하는 것도 어렵겠지만 가능하면 사랑스러운 관계 유지를 위해 노력해야 한다. 생각하는 순간 뇌는 이미 명령을 받아드려 행동으로 나타난다고 한다. 가장 가까운 가족에게부터, 말 붙이기 싫은 사춘기 아들에게도 달달한 말하기가 습관이 되면 좋겠다.

뽑아 쓰는 휴지 광고로 기억한다. '한 장으론 부족하니까'라는 카피가 있었다. 그 말이 확 와닿아서 남편과 나는 비슷한 상황이 생길 때마다 '하나는 부족하니까…'를 붙이곤 했었다. 별스럽지 않은 상황에서도 광고 카피를 패러디해서 활용하며 웃게 되고는 했다. 아이가 어린이집을 다니고 말을 배워가는 시기였다. 아이가 표현하는 '사랑해요!'라는 말에 행복하지 않은 부모는 아무도 없다. 어느 날은 종이에 그림을 그리고 삐뚤빼뚤하게 글자를 쓰고 와선 내밀었다. 나는 고맙다고, 잘했다고 칭찬하면서 '사랑, 사랑'을 두 번 반복해서 그려 넣은 것을 보고 너무 사랑하니까 두 번 썼냐고 물었다. 그런데 놀랍게도 아이의 대답은 내가 생각한 그 이상이었다. '한 번으로는 부족하니까'라는 것이었다.

그날 우리 가족은 사랑을 두 번씩은 표현하자고 약속했다. 그리고 '아낌없이 사랑하자'라는 가훈도 만들게 되었다. 무엇에 계기가 되는 것은 정말 하찮은 것에서부터 시작되기도 한다는 것을 뼈저리게 느낀 날이다. 작은아들도 사춘기를 겪고 있다. 다행히 메시지나 전화 통화는 형에 비해 다정하게 자주 하는 편이다. 꼭 메시지 말미나, 전화 끊기 전 우리는 '사랑 , 사랑'으로 인사를 하며 마무리를 한다. 그러면 괜히 분홍빛 에너지가 마음을 가득 채우는 느낌이 들어 기분이 좋아진다.

말하는 것만으로도 사랑을 표현할 수 있다. 진심 어린 마음을 전달할 수 있다는 것 자체만으로도 말하기는 정말 매력있는 기술이다. 한마디 한마디에 온 마음을 다해 전달해야 한다. 하는 사람의 진심이 고스란히 듣는이에게 전달되는 엄청난 에너지의 힘을 느껴야 한다. 상대방의 입장을 이해해야 한다. 듣는이의 감정을 인정하고 공감하는 의사소통 능력이 필수인 시대다. 더불어 산다는 것은 원만한 관계의 연속이다. 관계의 지속은 말 속에 있다고 해도 과언이 아니다.

순간 순간, 지나가는 말에도 사랑의 마음을 담아 전달해보자.
사랑, 사랑.

"다 너를 위해서 하는 말이야!"를 없애라

"다 너를 위해서 하는 말이야!'라는 부모의 말에 진심으로 공감하는 자식들이 얼마나 될까? 나 역시 인정하지 않았던 아이였다. 돌이켜보면 내 부모님도 골머리깨나 아팠겠다는 생각이 든다. 부모가 된 지금 나는 아이들에게 "다 너를 위해서 하는 말이야!"라는 말을 달고 사는 엄마가 되어버렸다.

나는 스트레스를 잘 받지 않는다고 생각해왔다. 그런데 요즘 부쩍 큰아이와의 관계에 예민해졌다는 느낌을 받는다. 이러다 말겠지 하다가도 컴퓨터 게임에 푹 빠진 아이를 보면 속이 부글거리고 화가 치밀어오른다. 말을 시켜도 건성으로 대답하고 만다. 결국 나는 참지 못하고 욱하고 말았다. "그게 그렇게 재밌니?, 어떻게 살아갈

래?, 뭐해 먹고 살래?"

아이는 대꾸도 없이 한숨만 쉬다가 "뭐든 하겠죠!, 엄마 인생 아니잖아요!"라고 대꾸했다. 할 말이 없었다. 괜한 소리를 했구나 싶었지만 이미 늦어버렸다. 요새는 별 것 아닌 일에도 자꾸 부정적인 감정이 일어날 때가 종종 있다.

큰아이는 두루두루 잘 지내는 편이다. 학교생활도 잘하고 친구 관계도 원만하다. 하고 싶은 것에는 열정을 보이기도 한다. 그게 요새 푹 빠진 것이 컴퓨터 게임이라는 것이 안타깝고 불만스럽다. 그래서 늘 투덜거리게 되고 좋지 않게 말을 하게 되는 것 같다. 운동도 열심히 하면 좋겠고 책도 예전처럼 많이 읽었으면 좋겠고 식사도 골고루 건강하게 잘 먹었으면 좋겠다. 무엇보다도 성공해서 제발 힘들지 않게 살았으면 좋겠다. 따지고 보면 내가 잘 하지 못해 실패한 부분들이다. 내가 하고 싶은 소망들이 아이에게로 그대로 옮겨져 잔소리로 나타나고 말았다. 아이에게 잘못하는 엄마로 들키는 것이 두려웠던 것일까? '좋겠고'를 '좋고'로 바꾸는 말습관부터 시도해볼 참이다.

아이 때문에 스트레스를 받는다는 부모는 대부분 자신의 바람을 아이에게 대입시키기 때문이다. 아이가 못해내는 부분을 패배한다고 생각하는 것 자체가 자신을 속이는 일이다. 스트레스를 받게 되면 자신의 강점을 발견하지 못한다. 물론 아이의 강점도 찾아내려하지 않는다. 스스로를 돌아보고 돌보는 일이 먼저다.

얼마 전 미국 콜롬비아 대학교 리사 손 교수의 '메타인지'에 관한 강연을 접하게 되었다. 메타인지는 자기 자신을 보는 거울, 스스로를 믿는 능력, 나의 완벽하지 않은 모습을 인정하는 것이라고 설명했다.

이 강연을 들으면서 나는 메타인지가 너무나 낮은 사람임을 확신했다. 완벽하지 못한 나 자신을 완벽한 척 포장하고 있었다. 그동안 실수하지 않으려고 잘하는 척하면서 성공한 사람의 가면을 쓰고 살아온 수많은 나를 발견하게 되었다. 그리고 그렇게 살기 위해 '시행착오를 숨기느라 애를 쓰고 살았구나'라는 생각이 들었다. 스스로가 알고 있는 것과 모르는 것을 아는 것을 아는 것이 메타인지다. 나는 절대 완벽하지 않은 많은 결점과 모순이 있는 사람이라는 것을 아이들은 물론 세상에 선포한다. 완벽하지 않기 때문에 관계 속에서 살아갈 수 있는 것이다.

아이가 완벽하지 않으면 부모 탓일 것만 같은 죄책감에서 빠져나오는 것이 중요하다. '아는 것이 힘이다'라는 말이 있다. 하지만 알면 알수록 점점 불안해지는 것이 자녀 교육이다.

육아 정보만 해도 하루에도 수천 수만건이 쏟아지는 정보의 홍

수 속에 살아가고 있다. 부모님을 만나다 보면 별의별 사람이 다 있다는 생각이 들 때가 있다. 어떤 부모님 중에는 인터넷에서 검색한 내용을 알리며 자신의 자녀에게 적용해주기를 요구할 때가 있다. 당황스러운 일이다. 이런 경우다.

"○○에서 그러는데 공갈 젖꼭지는 안 좋대요! 뗄 수 있게 해주세요."

"엎드려서 재우면 두상이 예뻐진다고 했는데 그것도 아니래요."

거기에다 선생님도 그렇게 생각할까 봐 말해주는 거라는 꼬리표를 붙인다. 이런 경우는 참 난감하다. "나도 알거든요!"라며 대응할 수도 없는 일이다. 그렇다고 "저희가 전문가예요!"라고 말해버리면 머쓱할 것 같아 우선 가만히 듣는다. 분위기가 싸한 것을 느끼고 나서야 말을 멈춘다.

"어머니! ○○이를 가장 잘 아는 분은 인터넷도, 선생님도 아니고 바로 어머니, 아버지세요!" 최소 1년 이상을 함께 지내온 부모가 어린이집 교사에게 아이의 정보를 주는 것은 너무나 당연한 일이다. 그런데 인터넷 정보를 전달하는 것은 아닌 것 같다고 설명한다. 아이와 적응해가면서 아이의 속도대로 서서히 발달해가는 것이 바람직하다고 말한다.

그러면 엄마는 "그러니까요! 선생님들이 전문가신데…" 하는 분도 계시는 반면, 언짢아진 마음을 화로 대신하며 박차고 일어서는 분노 있다.

　이미 1년 남짓 자신의 육아 방식대로 익숙하게 적응시켜 놓고 잘못된 부분에 대해서는 어린이집 몫으로 남겨두는 경우다. 바로 수정도 불가능하지만 수정을 해나가는 과정이 필요하다는 것을 가끔 놓치는 분들이 있다. 인터넷에서의 정보 검색은 어린이집 선생님들도 프로 수준이다. 정보를 찾아 참고하고 적용해보는 것은 가능한 일이다. 그러나 정보를 거르는 능력을 함께 갖추는 것도 필요하다.

　대한민국 국민을 '욱'하는 민족이라고 한다. 대한민국의 국민성이라고 할 정도로 '욱' 문화는 실생활에서 빈번하게 나타난다. 특히 가장 사랑한다는 아이에게 화를 내지 않고 키울 수만 있다면 더할 나위 없이 훌륭한 부모가 될 것이다. 하지만 불가능한 것이 현실이다.

　아이를 위해서 하는 말이 결국 아이에게는 잔소리와 폭언이 되고 만다. 전문가들은 아이에게 무엇을 가르치려고 헤매지 말고 아이의 마음을 헤아리는 방법부터 알아야 한다고 이야기한다.

　화내지 않기에도 꾸준한 연습이 필요하다. 화내지 않고 사랑을 받고 자란 아이는 상대를 공감할 줄 아는 아이로 성장한다. 부모 스스로 제대로 사랑을 표현하고 있는지 연습하며 실천해야 한다. 훈련으로 몸의 근육을 키우는 것처럼 마음의 근육을 탄탄하게 하는 것은 사랑을 표현하는 연습과 훈련에 있다.

　사람은 좋아하면 복제하고 싶은 욕망이 있다. 우리의 뇌 속에 자리하고 있는 '거울 뉴런'은 타인을 모방하고 공감하는 신경세포다. 특정 움직임을 행할 때나 다른 개체의 특정 움직임을 관찰할 때 활성화된다. 이는 1990년대 이탈리아의 파르마 대학에서 신경생리학자인 자코모 리촐라티(Giacomo Rizzolatt)와 그의 동료들에 의해 최초로 발견되었다.

　모든 사람은 다른 사람의 거울이고 그들의 모습의 모습을 반영한다. 이를 '미러링 효과'라고 한다. 이는 자신이 호감을 느끼는 상대의 말투나, 표정, 행동을 마치 거울에 비친 자신의 모습처럼 똑같이 따라 하는 인간의 무의식적 행위를 말한다. 단순하게 상대방의 행동을 한 번 더 따라 하는 것만으로도 스스로가 무의식적으로 상대방에게 호감을 표시하는 것이다. 함께 살아온 부부가 닮았다거나 사랑하는 연인이 닮았다는 말을 하는 것도 모두 미러링 효과에서 기인한 말이다.

　아이의 모습에서 부모의 모습을 발견할 때가 있다. 부모의 언행 습관을 아이는 그대로 복제한다는 것을 명심하자. 부모가 바라는 자녀 모습을 위해서는 부모가 그대로 보여주어야 한다. 아이가 자신의 기분이나 감정을 부모에게 내비쳤을 때 이를 무시하지 않고 아이의 감정을 인정해주어야 한다. 이는 부모가 아이를 신뢰하고 있다는 증거가 된다. 부모의 말이 잔소리가 되지 않는 방법이다. 부모와 대화가 잘 되는 아이는 건강한 정서를 가진 어른으로 성장한다.

영국의 범죄심리학자인 로런스 앨리슨(Laurence Alison), 에밀리 앨리슨(Emily Anderson) 부부가 저술한 《타인을 읽는 말》에서는 성공적인 대인관계를 만드는 마음의 문을 여는 열쇠는 라포르(Rapport)에 있다고 말한다. 이는 동의, 상호, 이해, 공감을 특징으로 하는 관계 형성을 말한다. 라포르는 솔직함, 공감, 자율성, 복기라는 4가지 대화 원칙 위에서 형성된다고 했다. 우리는 다양한 사람들과 수많은 라포르를 맺으면서 살아가고 있다. 마음이 따뜻한 아이로 성장시키기 위한 아이와의 라포르 형성에도 관심을 가지고 노력을 기울여야 한다. 부모가 자녀를 위해서 하는 말로 아이가 괴로워한다면 과연 필요한 말이 될까?

일부러라도 긍정의 표현을 골라라

　미국의 제16대 대통령인 에이브러햄 링컨(Abraham Lincoln)은 "사람은 행복하기로 마음 먹은 만큼 행복하다"라는 유명한 말을 남겼다. 이는 마음 먹기에 따라, 생각하는 것에 따라 인생이 달라질 수도 있다는 것을 말해준다.

　긍정적인 말은 긍정 에너지를 만든다. 반대로 부정적인 말은 부정적인 결과를 만드는 것을 경험하게 된다. 우리는 '죽겠다'는 표현을 자주 하고 있다. 배고파서, 배불러서, 좋아서, 웃겨서 심지어는 행복해서까지 죽겠다고 말을 한다.

　남편은 요즘 들어 뉴스나 시사프로그램을 함께 보게 될 때면 지나치게 부정적인 말을 자주 하는 경향이 있다. 뉴스의 내용이나 기사에 대해서 일단 반대 입장을 피력하거나 안 좋은 결과가 나타날 수밖에 없다는 듯이 비판할 때도 종종 있다.

물론 긍정적일 수 없는 부정적인 사건에서는 누구나 그럴 수 있지만 지나치게 비판하거나 비판할 필요는 없지 않을까 생각한다. 남편과 시사프로그램을 함께 보게 될 때면 프로그램이 끝난 후에도 마음이 불편할 때가 있기도 하다.

나는 어느 일요일 남편과 산책길에서 최대한 긍정적으로 바꿔 생각하고 말하는 습관을 가져보자고 제안했다. 안 좋게 말한다고 해서 달라지는 것이 없지 않냐면서 말이다. 오히려 말을 한 본인이나 듣는 내 마음이 상할 뿐이라고도 했다.

그리고 어느 책에서 본 부정적인 단어가 가지고 있는 강력한 암시작용에 대해 고민해보자고 덧붙였다. 부정적인 생각을 하게 되면 스트레스 호르몬인 코르티솔이 생성되어 대뇌의 사고력을 멈추게 한다는 근거까지 대가면서 열심히 설명했다. 돈도 들이지 않고 긍정적으로 생각하고 말하는 것만으로도 건강해진다는데 얼마나 좋냐고 설득했다.

남편은 오래 전 금연을 했다. 금연하는 대신 '당첨될 리 없지만' 하면서 로또를 가끔 산다. 나는 얼른 바꿔 말하기를 요청했다. 이제까지 안됐으니 '당연히 당첨될거야!'라고 생각해보라고 했다. 남편은 껄껄 웃더니 상상만 해도 기분이 좋아진다고 했다. 덕분에 남편과의 대화가 훨씬 부드러워지고 편안해졌다.

대한민국에서 50대 가장이 느끼는 무게가 가장 버겁다는 말을 들은 기억이 있다. 어쩌면 가장으로서 무거운 책임이 부정적인 생각을 부추기게 된 것일지도 모른다고 생각하니 마음이 짠하다. 그럼에도 불구하고 생각하고 말하는 것만으로도 행복해지는 쉬운 방법이 있음을 기억해야겠다.

말은 행동을 불러온다. 생각하는 순간 말이 되어 흐른다. 행동이 습관이 되고 인생이 되는 순리를 우리는 너무나 잘 알고 있다. 부정적인 생각과 행동이 현실이 된다면 참으로 끔찍한 일이다. 배고파서 죽는 일이 생긴다고 생각만 해도 슬픈 일이다. "너 때문에 못 살겠다"라는 말을 우리는 아이들을 상대로 곧잘 하고는 한다. 당장 "너 덕분에 살고 있다"는 희망찬 언어로 바꿔 말하기를 실천하자.

말로 내뱉는 순간 현실이 될 확률이 높다고 하지 않는가? 충분히 경험해본 일이다. 그래서 '말이 씨가 된다'라는 말처럼 신중하게 말해야 하는 것을 강조하는 것이다. 말에도 에너지가 있어서 긍정의 말도 부정의 언어도 전염이 된다. 긍정적인 사람 옆에 있으면 함께 즐거워지는 이유가 여기에 있다. 마찬가지로 부정적인 사람과는 잠깐만 함께 있을 뿐인데도 힘겹게 느껴지기 쉽다.

긍정의 아이콘을 말할 때 우리는 자동으로 ≪빨강머리 앤≫의 주인공 앤 셜리를 떠올린다. 책은 이렇게 시작된다. 시골마을 농장에서 일을 거들 남자아이를 입양할 생각이었는데 나타난 것은 주근깨에 빼빼마른 빨간 머리카락을 한 여자아이다. 거기에다 종알종알 말은 얼마나 많은지 농장주인인 마릴라는 맘에 들 리가 없다. 농장 주인 마릴라는 앤을 다시 고아원으로 돌려보내기로 결심한다. 눈치를 챈 앤은 엉뚱한 상상력과 긍정의 에너지로 어려운 상황을 돌파해 나가면서 가족이 되어간다. 많은 사람들이 애니메이션 또는 책을 통해 알고 있는 빨강머리 앤이다. 말도 안 되는 엉뚱함과 사랑스러움이 가득한 앤은 결국 초록지붕 집에서 마릴라와 함께 살아가게 된다.

앤의 말에는 마술과 같은 묘한 마력을 가지고 있다. 앤의 한마디에 주변이 환해지고 분위기가 달라진다. 좌절하고 힘든 상황을 할 수 있다는 자세로 자신의 한계를 이겨낸다. 또한 자신을 믿어주고 당당하게 말하는 자신감도 가지고 있다. 무엇이든 긍정적으로 바라보며 행복하려고 노력한다.

작품 속에서 앤이 주인 아주머니에게 한 말은 이미 명언으로 유명하다. "린드 아주머니는 아무것도 기대하지 않은 사람은 실망조차 할 필요가 없으니 다행이고 행복한 사람이라고 했어요. 하지만 나는 그렇게 생각하지 않아요. 실망할 걸 두려워하면서 아무것도 기대하지 않고 있다는 건 정말 우울한 일이라고 생각해요. 기대를

가지고 있다는 것 자체가 이미 커다란 즐거움이거든요." 초긍정의
아이콘 빨강머리 앤의 언어습관을 닮아가고 싶어진다.

20대 대통령선거를 앞두고 후보자들이 TV 토론회가 열렸다. 나
는 후보자들의 정책이나 공약보다는 언변이나 말하는 습관을 유심
히 지켜봤다. 시작부터 공격적인 말투로 주도권을 가지는 후보자가
있다. 반면 낮은 목소리와 적당한 속도로 차분하게 토론을 이어가
는 후보도 있다. 토론이 절정에 다다르면서 상대를 비방하고 헐뜯
고 상대 의견에 대해 무조건 반대 입장을 밝히는 공방전이 펼쳐진
다. 지켜보는 시청자들까지 눈살을 찌푸리게 한다. 상대를 비난하
고 깎아내리는 것으로 자신의 위치가 올라간다고 착각하는 모양이
다. 한 나라의 수장이 되겠다는 사람들이 벌이는 토론장에서 예의
와 성숙미는 찾아보기 힘들었다.

토론회를 보고 나면 남는 것이 없이 허탈한 기분이 든다. 몇 차
례 남은 토론회에서는 서로에 대해 칭찬하고 좋은 정책은 지지하
고 합의하는 긍정적인 분위기가 연출되길 기대해본다. 토론하는 모
습으로 마음을 결정하게 될 유권자가 분명히 있음을 간과해서는 안
될 일이다.

퇴근 후 집에서 만난 작은아이에게 나는 물었다. "오늘은 뭐 했
어?" 방학 중에도 매일 훈련에 참가하고 있는데 오늘 하루는 쉬는 날

이었다. 온전히 쉬는 하루가 주어진 날 뭘 하면서 보냈을지 궁금했다.

"저요? 게임했어요!"라고 한다. 나는 작은아이의 솔직함이 가끔은 놀랍기도 하고 맘에 들기도 한다. 살짝 실망스럽기도 했다. 모처럼 하루를 게임에 올인하다니…. 꾹 참고 나는 "빅토리?"라고 다시 물었다. 이번에는 아이가 나와 눈이 마주치더니 씩 웃는다. 이쯤에서 유머를 한마디 더해줘야 될 만큼 마음이 열렸다는 뜻이다.

"어떤 게임에서든 게임은 빅토리지! 빅토리!"라며 응원하듯 한 손을 휘두르며 외쳤다. 사춘기인 작은아이는 요새 말수가 좀 줄었다. "연고전 세대에 불리던 응원가입니까?"라며 깔깔깔 웃었다. 게임을 했다는 아이한테 심기가 불편해져서 화를 내거나 잔소리를 할 수도 있었다. 그런데 이왕 쉬는 하루 기분 좋았으면 됐다는 생각을 했고 게임을 할 거면 승리해야지라고 했을 뿐인데 유쾌한 자리가 되었다.

매력적으로 말하는 사람이 있다. 그런 사람에게는 호감이 느껴지기 마련이다. 주변에 사람들도 끊이지 않는다. 이렇게 긍정적인 언어습관을 만드는 것도 꾸준한 연습과 훈련으로 가능하다고 말한다. 매력적으로 말하는 사람이 되기 위한 실천 방법 세 가지를 소개한다.

① 추상적인 부사 "완전, 매우, 엄청, 진짜" 등을 빼고 말한다. 오감을 이용해 진솔하고 구체적으로 표현하는 연습을 하자. 대화가

훨씬 풍부해지면서 오해의 소지도 최소화될 수 있다.

② 부정적인 단어를 긍정적인 말로 바꿔 말한다. "아직도 여기야?"보다는 "벌써 여기까지 왔네"라고 긍정적으로 말하는 연습을 하자.

③ 상황과 대상에 따라서 호감이 가는 말투와 목소리 톤을 사용하도록 연습하자. 아이들과는 조금 높은 목소리와 귀여운 말투가 어울린다. 반면 부모를 만날 때는 조금 낮은 목소리와 차분함이 어울리는 것처럼 말하는 대상과 상황에 따라 조절하여 사용하는 연습을 하자.

우리는 하루에도 수많은 말을 하고 들으면서 살아간다. 그러나 말의 엄청난 힘과 영향력에 대해서는 잊고 살 때가 있다. 한마디의 말이 삶에 대한 의욕을 꺾어버리는 무기가 되기도 한다. 반대로 긍정적으로 잘 사용되는 말 한마디가 누군가에게는 희망과 행복의 빛의 되기도 한다.

5장

아이는 부모의 시간을
기다려주지 않는다

아이를 사랑할 수 있을 때 사랑하라

　기억하기도 싫은 오래전 일이다. 하루하루 버티고 있다는 표현은 이럴 때 하는 말이란 생각이 든다. 어린이집을 운영하는 동료 원장님이 겪은 힘겨운 일이다. 원장님의 아이는 유치원을 마치면 엄마가 일하는 어린이집으로 귀가를 한다. 어린이집에서는 나그네 손이라도 빌리고 싶을 만큼 언제나 바쁜 일상이 계속된다. 그날도 엄마는 바쁜 나머지 유치원을 마치고 돌아온 아이에게 이렇다 저렇다 한 말 한마디 못 해줬다.

　아이는 바쁜 엄마에게 밖에서 놀다 들어오겠다는 인사를 하고 나갔다. 날이 어두워지자 그때서야 엄마는 아이의 행방이 염려되었다. 어둑어둑해진 동네를 몇 차례 돌아도 아이는 보이지 않았다. 그날 눈맞춤도 없이 나눈 짧은 인사가 아이와의 마지막 인사가 될 줄은 꿈에도 몰랐다. 이틀 후 제주의 푸른 바다 위로 아이는 시신으로 돌아왔다. 기가 막힐 노릇이었다.

부고 소식을 듣고 장례식장을 찾았을 땐 원장님은 이미 눈물도 마른 상태였다. 아무 말도 할 수가 없어서 손을 잡고 눈물만 흘렸던 기억이 난다. 지금도 그때를 생각하면 충격의 아픔이 고스란히 일어나곤 한다. 가장 중요하다는 내 아이를 사지로 몰았다는 죄책감과 왜 이렇게 힘들게 살아야 하는 한스러움이 가득했다.

어차피 삶이란 하루하루 죽어가는 과정이라고 했다. 하지만 죽음에도 여러 유형이 있다. 그 중 자식을 앞세운 부모의 마음만큼 아프고 힘든 일이 또 있을까? 산 사람은 살아낸다고 했던가? 다행히 원장님은 마음을 추스를 수 있었다. 지금은 먼저 떠난 형을 꼭 닮은 두 아이를 입양해 늦깎이 엄마 노릇을 멋지게 해내고 있다. 폭풍 성장하고 있는 모습을 SNS를 통해 접하면서 가끔 나는 답글로 응원을 보낸다. 언제나 그대로일 것 같은 매일을 살아간다고 생각할 때가 있다. 하지만 앞으로 어떤 하루와 만나게 될지 아무도 모른다. 그래서 매 순간을 마지막처럼 살아야 한다는 것이다.

배우 겸 사진작가로 유명한 이광기 씨는 코믹하고 편안한 연기로 대중들의 인기도 얻은 사람이다. 그에게도 생각하기도 싫은 과거의 아픔이 있었다. 그는 13년 전 초등학교 입학을 꿈꾸던 아들을 하늘나라로 떠나보냈다. 독감을 앓은 지 3일 만에 감염 경로를 알수 없는 신종플루에 걸렸다고 한다. 자식은 떠나면 가슴에 묻는다고 한다. 아들을 보내고 캄캄하고 긴 고통의 터널 속에서 지냈을 가족을 생각하면 가슴이 아파온다. 다행히 고통의 늪을 무사히 빠져나온 그는 지금은 자선봉사와 미술품 경매를 통한 기부활동 등을 활발하게 펼치고 있다.

이 씨는 아들을 떠나보낸 슬픔을 치유하며 아트 디렉터로 인생 2막을 살아가고 있다. 그리고 그는 2021년 1월 가슴속에 묻어두었던 이야기를 포토에세이 형태로 엮은《내가 흘린 눈물은 꽃이 되었다》를 펴내기도 했다. 아들을 잃은 슬픔을 잘 극복했다는 것을 훗날 아들을 만나면 하고 싶은 이유라고 했다. 책을 펴내기까지 생각하기도 싫은 기억들을 들춰내느라 얼마나 큰 고통을 견뎌야 했을까를 생각하니 같은 부모 마음이 되었다.

이 씨는 아들을 잃고 괴로움에 시달리느라 아들의 사망신고도 하지 못했다. 취학통지서를 받고서야 참담한 마음으로 동사무소를 찾았다고 한다. 아이가 함께 있는 주민등록등본을 수십 장을 출력해서 가지고 있다며 소리없이 눈물을 흘리던 모습이 떠오른다.

2년 넘게 코로나19가 지속되면서 많은 분들이 가족을 잃었다. 심지어 장례식조차 치르지 못하는 분들도 있다. 코로나19로 힘들어

하는 분들에게 위로를 드리고 싶어서 책 출간을 결심하게 되었다고 했다. 용기 있는 결정에 박수를 보내고 싶었다.

우리는 살아가면서 수많은 슬픔을 만나게 된다. 그 중 사랑하는 가족과의 이별만큼 더 큰 슬픔은 없어 보인다. 언제나 그대로일 것이란 착각에서 잠시 빠져나와야 한다.

사랑할 수 있을 때 아낌없이 사랑하자.

2년 넘게 우리를 위협하고 있는 코로나19는 우리 생활에 크고 작은 변화를 가져왔다. 들어보지 못한 신조어가 생겨났고 경험해보지 않은 비대면 생활이 익숙해졌다. 그중 아이들과 가장 밀접한 학교 현장의 변화다. 수업 방식이 비대면으로 본격화되었다. 초등학교 6학년이던 작은아이는 학교를 채 한 달도 가보지 못하고 졸업을 한 비운의 학생이었다. 학교를 가지 않으니 자연스럽게 외출 기회가 줄었다. 그야말로 집콕족이 된 것이다. 물론 조심해서 안 좋을 것이 없으니 나름의 방역수칙을 준수한 셈이다.

집콕족이 된 작은아이는 6학년 동안 미용실에 갈 기회를 만들지 않았다. 머리카락이 눈을 가리기 시작할 때쯤 몇 번 자르자고 권유를 했지만 다음으로 미뤄지기 일쑤였다. 막연히 기르다 보니 남자아이 머리카락이 턱 밑까지 오는 길이가 되었다.

중학교 원서 접수 기간에 아들은 중학교 선택을 놓고 고민을 했다. 머리를 자를 것인가 말 것인가의 고민이었다. A학교의 두발 규정대로라면 머리를 잘라야 했다. B학교는 앞머리가 눈을 가리지 않으면 된다는 규칙이 적용되고 있었다. 아들의 선택은 단순하고 정확했다. 당연히 B학교를 선택했고 1년 동안 긴 머리를 찰랑거리는 남중생으로 보냈다.

선생님도 반 친구들도 독특한 아이라고 생각하겠다 싶었는데 오히려 아이는 아무렇지도 않아 했다. 머리카락을 소아암 환자를 위해 기부할 거라고 했다. 소아암 환자의 가발 제작에 필요한 머리카락을 기부하는 것이다. 어떻게 그런 생각까지 했는지 기특했다. 나도 아이의 생각에 응원하며 아침마다 긴 머리카락을 열심히 말려주고는 했다.

어느 날 아들이 "엄마! 머리를 잘라야 될 것 같아요"라는 것이다. 운동부에 소속되어 운동을 시작하면서부터 긴 머리가 방해가 되는 듯 했다. 묶은 머리카락의 길이가 25cm 이상이 되어야 기부가 가능하다. 아이는 그것부터 걱정했다. 지금 자르게 되면 기부하지 못할 수도 있겠다는 것이다. 아이와 미용실을 찾아갔다. 다행히 기부가 가능하겠다는 말을 들을 수 있었다. 긴 머리 남중생은 이제 단정한 짧은 머리 미소년이 되었다.

머리카락을 자르고 정리 후 소포를 보내는 날, 아이는 스스로 뿌듯한 느낌을 받은 것 같았다. 물론 달라진 스스로의 모습에도 만족해하는 것 같았다. 아이의 머리카락은 '어머나 운동본부'를 통해 기부했다. 며칠 후 의미 있는 기부증서까지 받았다.

탈무드에 이런 이야기가 있다. 어떤 사람에게 세 명의 친구가 있었다. 첫 번째 친구는 마음속 깊이 사귀는 사이였으며 둘도 없이 소중하게 생각하며 사랑하고 있었다. 두 번째 친구는 마음속으로는 친구라고 생각하고 있지만 첫 번째 친구만큼 사랑하는 사이는 아니었다. 세 번째 친구는 친구로 생각하고 있었으나 별로 관심을 가지고 있지 않았다.

어느 날 경찰서에서 소환장을 받은 그는 혼자 갈 용기가 나지 않았다. 세 친구에게 차례로 같이 가자고 부탁했다. 그가 늘 소중하다고 생각한 첫 번째 친구는 이유도 묻지 않고 거절했다. 첫 번째 친구는 재산이다. 두 번째 친구는 경찰서 앞까지만 함께 가줄 수 있다고 했다. 두 번째는 가족이다. 실망한 그는 마지막으로 세 번째 친구에게 함께 가달라고 부탁했다. 그러자 세 번째 친구는 흔쾌히 동행하고 걱정하지 말라고 격려까지 해줬다. 세 번째 친구는 선행이다. 평소에는 남의 눈길을 끌지 못하지만 후에 빛을 발하게 되는 것이 선행이다. 계산되지 않은 것들을 많이 가질수록 인생은 풍성해진다. 가장 비싸고 좋은 것은 계산할 수 없는 의미있는 것들이다.

나는 아들과 함께 이 이야기를 읽으며 세 번째 친구를 많이 만들
자고 이야기하며 격려했다. 따뜻한 마음을 가진 아이와 사랑할 수
있는 순간을 놓치지 말아야겠다.

최고의 선물은 함께하는 시간이다

　우리는 아이와 함께 보내는 시간이 얼마나 될까? "어린이집 없으면 우리는 못 살죠!" 어린이집에 등원하면서 한 엄마와 나눈 인사말이다.

　감사의 뜻이 담겨있는 것 같아 좋았다. 최근 몇 년 사이 제주살이 열풍이 불면서 제주로 이주해서 지내는 가정이 꽤 많아졌다는 것을 실감한다. 한때 순 유입인구가 1만 5,000명에 달할 정도였으니 수치만 보더라도 짐작이 될만하다.

　어린이집을 이용하는 영유아의 경우 60% 이상이 이주해 온 가정의 아이들임을 알 수 있다. 친족이 함께 이주한 경우가 아니라면 엄마, 아빠가 맞벌이일 경우 어린이집을 이용할 수밖에 없는 것이 현실이다. 어린이집의 역할이 중요하게 인식되고 있다니 관계자로서 뿌듯한 일이다.

나의 지인은 초등학교 6학년, 4학년, 1학년 삼남매를 둔 세상 바쁜 엄마다. 겨울방학 중인 요새는 돌밥돌밥(돌아서면 밥줘야 하는)하느라 눈코 뜰 새가 없다고 했다. 이 와중에 쉬는 날이면 집에 있는 날이 거의 없다. 대부분을 아이들과 캠핑을 하면서 보낸다. 나같으면 하루 정도 늦잠도 자고 늘어져 있고 싶을 만도 한데 연락해보면 캠핑장에 있는 경우가 많다.

하루는 "매주 그게 가능해?"라고 물었다. "불가능하다고 생각해본 적이 없어서요"라고 웃으며 대답했다. 마음만 먹으면 가능하다고 하지만 나는 휴일 하루는 온전히 쉬자 주의다. 재충전이 필요하니까.

"캠핑 한 번 다녀오면 저절로 커 있어요!" 캠핑이 무슨 뻥튀기 기계냐며 웃었다. 가족과 함께 밥을 준비하고, 밥을 함께 먹는다. 함께 이야기를 나누고 함께 잠을 잔다. 모든 것을 함께 할 수 있다는 데 의미가 있다고 힘주어 말했다. 다녀오고 나면 충전이 된다고도 덧붙여 말했다.

특히 아이가 어릴수록 야외에서 즐기는 캠핑은 장점이 많다고 자랑했다. 집안에서보다 야외에서 누리고 얻는 것들이 한두 가지가 아니란 것쯤은 누구나 알고 있다. 돌이켜보면 나도 아이들이 어렸을 때는 밖으로 많이 다녔던 엄마였다. 이유는 크지 않았던 것 같다. 같이 보고, 같이 말하고 함께 느끼기 위함이었다. 그 시간이 아이도 부모도 만족하면 그만이었다. 외출 후 집으로 돌아와서는 기억나는 것들을 나누면서 마무리가 된다.

우리 집의 경우 지금은 어딜 함께 가자고 하면 "엄마, 아빠만 다녀오세요!" 하면서 거부하는 남자들이 되어버렸다. 이젠 '법적인 보호자 역할만 하게 하는구나'라는 생각이 들면서 씁쓸해지고는 한다.

'너무 어릴 때는 기억도 못하고 힘들기만 하다'라는 사람들도 있다. 물론 경우에 따라서 그럴 수 있다. 하지만 아이의 몸이 기억한다. 자라면서 좋은 기억들을 체화하면서 살아간다. 마음이 살찌는 귀한 경험 쌓기에 아이와의 시간을 투자하자.

"행복은 포기해야 하는 것을 포기하는 것이다"라는 앤드류 카네기(Andrew Carnegie)의 명언이 떠오른다.

작은아이가 초등학교 졸업 기념으로 에버랜드 여행을 계획했다. 겨우 네 가족이지만 일정을 조율하면서 어렵게 결정했다. 지인에게 부탁해 이동 경로며 자유이용권 활용 방법 등 알차게 보내는 방법까지 터득했다. 이제 떠나기만 하면 됐다. 여행 일주일 정도를 남겨뒀을 때쯤 매스컴이 뜨거워졌다.

중국 후베이성 우한에서 발생한 바이러스가 전 세계를 강타하고 있다는 뉴스였다. 감염력도 높고 치료제도 없다는 무시무시한 보도들이 연일 쏟아졌다.

다행히 여행은 미뤄졌다. "잠잠해지면 가면 되죠!"라며 괜찮다는 아이가 대견스러웠다. 그 후 2년이 넘게 코로나19는 우리의 일상을 멈추게 하고 많은 것들을 변화시키고 있다. 작은아이는 그새 청소년이 되었다. 가끔 코로나19와 함께 어린이로 누릴 수 있었던 마지막 여행의 기회를 놓쳤다며 못내 아쉬워하고는 한다.

부모가 아이에게 해줄 수 있는 가장 큰 선물은 시간을 함께 보내는 것이다. 더러는 최고의 장난감이나, 최신형 게임기를 사주는 것이 훌륭한 부모라고 생각할 수도 있다. 장난감을 선물 받은 아이는 부모에게 '엄지 척'을 보내온다. 감사의 의미로 보내오는 답례다. 몸으로 부딪치며 함께 놀아주는 것이야말로 좋은 부모가 될 수 있는 값싸고 좋은 방법이다.

시간이 없다는 핑계로, 피곤하다는 이유로 아이와 함께할 수 있는 귀한 시간을 놓치지 말자. 스마트폰을 잠시 내려놓고 아이와 마주 앉자. 차라리 눈을 마주하고 '멍 때리기'를 하더라도 말이다. 부모가 아이에게 물려줄 수 있는 자산 창고를 차곡차곡 채워가자.

희주 엄마에게 전화가 왔다. "아이 돌보미 서비스 신청할까 봐요!" 희주는 여섯 살 여자아이다. 엄마는 아빠와 함께 가게를 운영한다. 하루종일 바쁘게 보낸다. 장사가 잘 되는 것은 기쁜 일이다. 하지만 희주 엄마에겐 어린이집 하원 후 희주의 돌봄이 큰 숙제였다.

'아이 돌보미 서비스'는 가정으로 아이 돌봄 서비스를 지원하는 제도다. 만약 희주네가 서비스를 이용하게 된다면 희주가 가족과 지낼 수 있는 시간은 고작 잠자는 시간이 전부인 셈이다.

"정보는 줄 수 있어요. 그런데…" 하며 나는 다음 말을 잇지 못했다. 희주 엄마야말로 희주에게만큼은 엄마의 사랑을 마구마구 주고 싶어한다. 희주 위로 언니가 한 명 있다. 큰아이를 키울 때 엄마가 일을 한다는 이유로 거의 방치하다시피 키워냈단다. 너무 후회된다는 말을 종종 했다. 터울 많게 태어난 희주는 큰아이처럼 키우고 싶지 않다고 했다.

오죽 답답했으면 연락을 했을까 싶어 하소연을 들어줬다. 처음엔 희주 아빠가 책임져서 가게를 운영할 계획이었다. 하루이틀 거들다 보니 이젠 아예 엄마가 도맡아서 관리하는 격이 되었다고 했다. 너무 속상하고 남편에게도 화가 난다고 했다.

'어떤 조언이 필요할까?' 나는 잠깐 고민했다. 내가 말한다고 그대로 따를 리도 없지만 내 생각을 전했다. "희주가 어린이집에 있는 시간대로 근무시간을 조정하는 건 힘들어요?", "아니면 희주가 좀 더 클 때까지 기다렸다가 합류하시던지요!" 중요한 것 중에 우선 순위를 정해보라고 했다. 그리고 문의한 아이 돌보미 관련 정보를 안내해줬다. 맞벌이 가정의 경우, 대부분 어린이집의 도움을 받는다. 그렇더라도 희주네 경우처럼 어려운 상황이 생긴다. 보육과 돌봄 정책에 대한 꾸준한 관심과 개선 방향 노력도 필요하겠다.

다행히 희주네는 근무 시간을 조절하고 인력을 보충하기로 결정했다. 박수를 치며 잘했다고 말해줬다. 그 시간 동안 아이와 부대끼는데 할애해보겠다고 했다. 다행이다.

2018년 초록우산어린이재단에서 발표한 자료를 보면 우리나라 아이들이 가족과 함께 보내는 시간은 하루에 고작 13분에 불과했다. OECD 회권국 평균 48분에 비해 한참이나 뒤떨어진다. 특히 아빠와 함께 보내는 시간은 고작 6분에 불과했다.

'아이가 행복했으면 좋겠다'라는 부모의 목표에 집중해보자. 아이가 부모에게 원하는 것이 무엇인지 고민해보자.

아이와 부모가 함께하는 시간이 아이의 발달에 결정적인 순간이 된다. 아이의 바람과 부모의 목표 사이에서 선택과 집중이 필요한 지금이다.

아이들은 순식간에 성장한다

'지금부터라도 잘 키워야지' 하는 순간 아이는 어느새 자라서 부모 곁을 떠날 준비를 하고 있다. 그런 생각을 하면 늦은 가을 낙엽 길을 걷는듯 서글퍼진다. 나에게는 조카가 여러 명 있다. 언니의 자녀가 셋, 오빠의 자녀가 셋, 동생의 자녀가 한 명 있다. 그 중 첫 번째 조카가 올해 갓 서른이 되었다. 부모님의 첫 번째 손녀인 조카는 결혼 전 이모인 나를 주말마다 바쁘게 만든 아이였다. 나는 조카가 보고 싶어 꽤 먼 거리를 다니는 열혈 이모였다. 자가용을 산 이유도 조카를 보러 가기 위함이라고 하면 지나치다고 할까? 그런데 사실이다.

서른이 되는 봄날 결혼을 한다는 청첩장을 보내왔다. 대학 때부터 알고 지낸 괜찮은 남자를 반려자로 맞는다고 했다. 축하를 해줘야 하는 것이 당연한데도 어딘지 모르게 아쉬운 마음이 들었다. 언제 이렇게 커버렸나 싶은 마음과 함께 그새 성인이 되어서 자기 앞가림하더니 가정을 꾸리는구나 싶은 대견함도 컸다.

언제까지 '이모, 이모' 하면서 귀여운 짓을 할 것 같았던 조카였다. 그 아이가 이젠 한 가정을 이루고 책임이 늘어나는 어른이 되어버렸다. 결혼하고 어쩌면 아이를 낳는 순간 부모라는 무게를 짊어질 조카를 생각하니 마음 한 켠이 따끔거려온다.

언제나 그 자리에 있어줄 것 같지만 아이들은 뒤돌아서기 무섭게 성장해간다. 매 순간 성장해가는 아이들을 놓치지 말아야 할 것이다.

나는 2001년 크리스마스를 앞두고 어린이집 운영을 시작했다. 만 스무 해가 넘었으니 이제 성인이 된 셈이다. 내 청춘의 희로애락이 모두 녹아있는 곳이다.

몇해 전 겨울 기상이변으로 제주에도 눈이 많이 내린 날이었다. 등원한 아이들과 눈싸움도 하고 실컷 놀다 들어왔다. 누군가 어린이집으로 들어오는 것이 보여 얼른 밖으로 나갔다. 중년의 엄마와 딸로 보이는 모녀가 눈 내린 어린이집 마당을 산보하고 있었다.

누구시냐고 인사를 건네는데 어딘가 눈에 익은 모습이 보이는 것도 같았다. "선생님! 저 기억하시겠어요?" 하는 순간 다섯 살이던 수진이가 눈에 선했다. "어머? 너 수진이구나! 반가워!" 하고 인사를 나눴다. 나보다 키가 한참 큰 예쁜 젊은이와 스승과 제자 시절을 기억하며 재회의 기쁨을 함께했다.

수능을 치르고 합격 소식을 받은 후 엄마와 둘이서 제주여행 중이라고 했다. 수진이는 아빠가 제주로 발령받아 근무하시는 동안 잠깐 제주에서 지낸 아이다. 다섯 살, 여섯 살을 어린이집에서 보냈던 것으로 기억된다. 그 후로 다시 다른 지방으로 이사를 가게 되었고 어린이집과도 인연이 끊겼다.

제주여행은 수진이가 자라면서 기억나는 곳을 가보자고 해서 추진되었다고 했다. 지나가는데 어린이집이 다섯 살 시절 그 자리에 그대로 있더란다. '아는 선생님은 안 계시겠지!' 생각하며 마당만 걸어보고 돌아갈 참이었노라고 했다. 눈 쌓인 제주에서 수진이와 나는 십수년 전으로 돌아가 한참을 기억 속에서 놀았다. 그대로 있을 줄은 몰랐는데 감회가 새롭다며 성인이 되어 다시 찾아올 어린이집이 있다는 건 행운이라는 기분 좋은 말도 전했다. 그 후로 수진이와는 SNS 친구가 되어 소식을 나누며 지내고 있다. 건강하고 당당하고 밝은 모습으로 성장하는데 일조했다는 생각에 괜히 뿌듯해졌다.

수진이가 돌아가고 나는 보육인의 책임과 기쁨을 동료들에게 전달했다. 분명히 좋은 기억만 담고 있지는 않겠지만 훗날 다시 찾고 싶은 어린이집과 선생이 되어주자고 당부했다. 그렇게 스무 해를 넘게 보내고 있는 나 스스로에게도 위로와 칭찬을 보낸다.

우리는 모두 한때 아이였다. 어린이의 인권과 아이를 대하는 태도를 이야기할 때 야누시 코르차크(Janusz Korczak)가 아이들과 함께 행진한 일화가 자주 소개된다. 코르차크는 폴란드 바르샤바에서 성공한 유태인 집안에서 태어났다. 결혼하지 않았던 코르차크는 자신의 아이를 갖는 대신 바르샤바에 있는 유태인 고아원의 원장이 되어 수많은 아이들의 아버지가 되었다.

의사, 저술가, 사회사업가로 이름을 떨쳤던 코르차크는 제2차 세계대전이 한창이던 1942년 여름, 독일군은 그가 운영하던 고아원 철거를 명령했다. 코르차크는 그것이 죽음의 수용소로 가는 것임을 직감했다. 코르차크는 도망치라는 주위의 만류를 뿌리치고 고아원 아이들과 끝까지 함께한다. 마침내 독일군이 고아원을 점령한다. 코르차크는 '우리에게 15분만 시간을 달라'라는 당부를 한다. 죽음의 길로 가야 하는 아이들에게 두렵지 않은 마지막을 위해 코르차크는 따뜻하게 말한다.

'우리 이제 소풍을 떠나는 거야!'라며 가장 좋은 옷으로 갈아입은 아이들은 코르차크를 선두로 독가스실로 가는 소풍 길에 나선다. 코르차크는 선두에서 어린아이들의 손을 잡고 뒤쫓는 군인을 향해 '아이를 밀지 말 것'을 당부하며 행진한다. 이것이 유명한 천사들의 행진이다.

　원장인 코르차크는 석방하라는 사령관의 명령이 있었지만 코르차크는 200명 남짓한 아이들과 죽음의 길까지 동행했다. 결국 1942년 트레블린카의 독가스실에서, 평생을 함께해온 아이들과 죽음을 맞이했다.

　아이들을 인격체로 다루려고 부단히 노력했고 아동 인권에 대해 요구한 인물로 후세들에 의해 회자되고 있는 인물이다. 아이들은 성인의 보호를 받아야 하는 권리를 가진 권리주체자다. 어떤 보호를 받고 자랐느냐에 따라 어떤 성인이 되느냐가 결정된다.

　잠든 아들을 보면 나는 문정희 시인의 〈아들에게〉라는 시를 읊게 된다. 부모와 자녀 사이에도 신(神)이 존재하고 있어서 관계를 만드는 것이라는 생각이 들었다.

　'아들아 너와 나 사이에는 신이 한 분 살고 계시나보다, 왜 나는 너를 부를 때마다 이토록 간절해지는 것이며 네 뒷모습에 대고 언제나 기도를 하는 것일까? (중략) 너와 나 사이에는 무슨 신이 한 분 살고 계셔서 이렇게 긴 강물이 끝도 없이 흐를까?'

존재 자체로 아이는 세상의 빛이다

엄마라면 누구나 임신과 출산의 경험을 인생에서 가장 큰 경험이라고 할 것이다. 물론 아이가 자라면서 생각이 바뀔 수도 있지만 말이다. 누구나 그렇듯이 나 역시 열달의 임신 기간을 굉장히 중요하게 생각했다. 먹는 것, 보는 것, 듣는 것 나름의 태교를 부지런히 하면서 늦은 출산을 경험했다. 나에게 아이는 그야말로 다른 세상을 알려준 귀한 존재였다.

이런 마음이 아이가 태어나고 육아 스트레스를 받으면서 소위 '웬수'로 변해갈 때가 있다. 특히 몸이 피곤하거나 끝내야 하는 업무가 있을 때는 아이는 거추장스러운 존재로 느껴질 때도 있다. 큰 아이에 대한 이야기는 이 책에서 너무 자주 하게 되는 것 같다. 태어나면서부터 백일이 넘도록 밤잠을 자지 못할 정도로 아이는 울어댔다. 잠이 들어 조심스럽게 바닥에 눕히면 어떻게 아는지 다시 자지러지고는 했다. 싸구려 빌라에 살았는데 옆집에서까지 '아기 좀 그만 울려라'라는 듣기 싫은 소리를 했었다. 어떤 날은 차를 타고 나와 엄한 드라이브를 하면서 재웠을 정도로 유명한 아이였다.

육아는 매일이 힘듦과 보람의 반복인 것 같다. 아이 때문에 힘들다가도 하루하루 커가는 모습을 볼 때면 '얘가 정말 내가 낳은 아이가 맞나?' 싶을 정도로 신기하고 감동스럽다. 대부분의 부모가 자신의 아이가 뱉은 첫 마디를 감동스럽게 기억하는 것도 이런 이유 때문이다. 가족이라는 조직에 거대한 새 물결을 일으킨 존재가 바로 자녀기 때문이다.

한국건강가정진흥원에서 2020년 '한국인에게 가족은 어떤 의미인가?'를 주제로 발표한 내용이다. '가족' 개념은 세대별, 성별에 따라 다르게 수용되고 있다고 했다. 그중 놀라운 대목은 '가족은 주어지는 것이 아니라 선택이다'라는 부분이었다. 법적인 혼인 관계와 혈연이 아니더라도 '가족'이라고 부르는 것에 거리낌이 없단다. 20대의 경우 가족공동체로 보기보다는 자신의 휴식을 위한 집, 휴식을 함께하기 위한 반려자로 가족의 의미를 두고 있었다. 즉 가족은 주어지는 것이 아니라, 옵션으로 선택할 수 있다는 것이다.

주변에서도 비혼주의거나, 결혼을 해도 아이는 낳지 않겠다는 경우를 볼 수 있다. 이처럼 결혼에 대한 생각과 가치관도 많이 변하고 있다. 다양한 형태로 가족을 이루는 경우도 많아지고 있다.

나는 지금껏 가족은 선택할 수 없는 관계라고 말해왔다. 그러나 이 발표를 접하면서 좀 무서워지면서 걱정이 되었다. 결혼하고 부부가 되었다면 생애 딱 한 번만이라도 임신과 출산의 경험을 해봤으면 하는 바람이다. 아빠, 엄마, 아이의 관계 속에서 느낄 수 있는 흔히 말하는 피를 나눈 감정을 나눠보길 바란다.

〈2020년도 한국인들의 세대별 가족개념〉

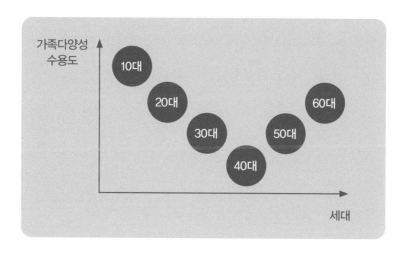

대장암 수술을 받고 항암 치료 중인 친구가 있다. 가끔 전화로 안부를 물어주는 정도밖에 못 해주고 있다. 역시 늦은 결혼으로 아직 초등학교에 다니는 자녀 A가 있다. 아픈 엄마를 끔찍하게 챙기는 모습이 너무 예뻤다. 하루는 A의 엄마가 A에게 물었단다. "엄마 아프니까 싫지? 밥도 못 해주고 놀아주지도 못하고 미안하네!"라고 했단다. 아직 초등학생인 A는 놀랍게도 엄마에게 이렇게 말했다고 했다. "엄마! 내가 아기였을 때 엄마가 얼마나 잘해줬는지 기억나" 그때 해준 것만으로도 충분하니까 얼른 치료 마치고 회복하라고 했다는 것이다. 누가 시켜서 했다고 해도 기특할 일이다. 그런데 엄마를 향한 걱정과 사랑을 가득 담아 건넨 A를 생각하니 눈물이 났다. 그리고 나도 친구에게 따뜻하게 한마디 해줬다. 엄마의 사랑을 고스란히 느낄 수 있게 키우느라고 애썼다고 말이다. 누구에게나 첫 순간은 잊지 못할 보물 같은 것이다. 부모에게 아이의 존재가 그런 것이다. 친구가 아이에게 보여준 사랑의 의미를 깊이 느껴보고 싶은 날이다.

처음이라는 말은 왠지 모르는 설렘과 기대로 가득한 단어다. 부모에게 있어 아이를 만나는 처음의 느낌은 조금씩 다를 수 있지만 설렘과 기대가 가장 크지 않을까 생각해본다.

첫 울음, 첫 포옹, 첫 옷, 첫 마디, 첫 인사, 첫 이…. 모든 것이 아이에게는 처음이었고 부모 역시 그 아이와 처음 겪는 순간이다. 부모에게는 아이의 모든 것이 신비로움 그 자체였다.

나는 아직도 아이 옷장에 배냇저고리 한 장이 보관되어 있다. 특별하게 의미를 부여하려는 것은 아니다. 하지만 옷장을 정리할 때마다 웃음이 나면서 아이들의 어렸을 때를 추억하게 되는 귀한 물건이 되었다. 그러니 버릴 수도 없다. 가끔 아이는 옷을 꺼내다가 배냇저고리를 들추며 진짜 자기가 입었던 거냐고 묻는다. 이젠 한 뼘으로 잡힐 만큼 작은 물건이다. 그러면 나는 "그럼 내가 입었겠니?" 하면서 웃기만 한다.

아이와 첫 앨범을 볼 때도 있다. 코는 누구를 닮았느니 머리카락이 많으니 적으니 하면서 자신의 모습을 말하는 재미에 빠지고는 한다. 이럴 때마다 나는 고맙다는 생각이 든다. 아이가 없으면 상상할 수조차 없는 순간들이기 때문이다. 가끔은 '웬수'같다가도 수많은 기쁨을 안겨주고 있음을 자꾸 잊고 있는 것 같다.

아이들이 자라면서 너무 바빠져버렸다. 부모와의 시간보다 친구들과 함께하는 시간을 더 즐거워한다. 이젠 여자친구가 생기면 꼭 소개해달라고 당부해야 하는 나이가 되어버렸다. 한 끼 식사를 함께하는 것도 어려울 정도니 아쉽기만 하다.

시간은 기다려주지 않는다. 아이가 느낄 수 있게 사랑을 표현해줘야 한다. 중학교 2학년이 된 작은아들은 지금도 아빠와 함께 잔다. 무슨 짓이냐라며 놀랄 것이다. 중학교 2학년이면 옛날 같으면 꼬마 신랑 나이다. 독립심을 키워줘야 한다고도 할 것이다. 하지만 아이가 싫다는데 굳이 독립심을 키워줄 목적으로 혼자 자게 하는 게 과연 맞는 방법일까? 언젠가 부모 그늘을 벗어날 아이다. 즐길 수 있을 때 마음껏 누리고 싶다는데 초점을 맞췄다. 이말 저말 하다가 가끔은 자장가를 청해 듣기도 한다. 주거니 받거니 하다 보면 어느새 꿈나라다.

아이는 어떤 관계 속에서 성장해가느냐가 중요하다. 아이에게 집중하며 아이의 생각을 함께 나누는 일은 꼭 유아기와 아동기에만 행해지는 육아법은 아니다. 대학생이 되고서도 엄마가 머리를 빗겨 줘야 잠이 온다는 딸의 이야기를 들은 적이 있다. 누구에게나 마음으로 느끼는 행복이 있다.

아이와 함께 하는 시간은 곧 아쉽고 그리운 추억이 된다. 살아가면서 수많은 사회적 관계를 만나면서 지내게 된다. 부모는 아이가 지쳐있을 때 그루터기 같은 쉼이 되어줄 준비를 해야 한다. 아이가 있기에 부모가 된 우리다. 어깨를 빌려주고 아이를 최우선으로 생각하고 있다는 믿음을 보여주자.

아이는 세상에 온 그 자체만으로도 빛나는 존재임을 언제나 부각시켜주자. 자신이 소중한 존재임을 알게 될 때 아이는 당당하게 세상을 향해 나아갈 수 있게 된다. 부모의 지지와 격려가 아이를 세상에서 빛나게 한다.

아이는 소모품이 아니다, 고치려고 하지 마라

아이 그대로를 인정하고 받아드리는 일은 부모로서 가끔은 고통스러울 때가 있다. 나는 고1, 중2 두 아들을 둔 엄마다. 늦은 결혼은 고령 출산으로 이어졌고 아이들이 성인이 되려면 아직 수년은 더 보호자 역할을 해줘야 한다. 벌써 할머니가 된 친구들을 보면 부럽기도 하고 걱정도 된다.

내가 보기에 고등학교 1학년인 아들은 정리하는 습관만큼은 젬병이다. 한 번씩 물건을 찾느라 가방 속을 보면 기절초풍하기 일보직전일 때가 있다. 만물상이 따로 없다. 1년 전 잃어버린 샤프펜슬이 나오기도 하고 찾아 헤매던 교통카드를 발견하기도 한다. 학교에 다녀와서 교복을 옷걸이에 걸어 정리하는 일은 거의 없다.

하루는 어지러운 방을 보며 아들에게 "발을 어디에 둬야 할지 모르겠네!"라고 말했다. 놀랍게도 아들은 깨우침이나 미안함은 하나도 없이 "바닥을 밟으세요!" 라고 하며 훅 치고 들어왔다. 마음 같아서는 한마디 더 쏘아붙였겠지만 참았다. 내가 만족할만한 결과를 얻지 못할 것이 뻔했기 때문이다. 그렇다고 언제까지 정리해줄 수도 없는 일이다. 남편은 그냥 두라고 한다. 본인이 불편하면 하게 되어있다고 말이다. 중요한 건 내가 그때까지 참지 못한다는 것이다. 정리를 해주면서도 좋은 마음이 아니니 아들과는 자주 부딪히는 상황이 만들어지고 만다.

모든 인간은 존중받고 싶은 욕구를 가지고 있다. 정리와는 담을 쌓은 아들도 물론 그런 마음일 것이다. 10여 년 넘게 안 해오던 정리 습관이 하루아침에 바뀌기 쉽지 않다는 것을 잘 안다. 심리학자들의 연구 결과에 따르면 모든 행동의 배후에는 적어도 한 개의 긍정적인 동기는 있다고 한다. 비록 좋지 않은 행동일지라도 그럴만한 한 가지의 긍정적인 동기를 찾아보는 것이다.

나는 내 생각부터 바꿔보기로 마음을 먹어본다. 아이가 정리를 하지 않는 것이 아니라 정리를 하지 않아도 된다고 믿고 있다고 말이다. 하루는 아이에게 "조금 복잡해보이기는 한다"라고 말했다. 놀랍게도 아이는 "저도 그렇게 생각하고 있어요. 정리할게요!"라고 대답했다.

'말 한마디로 천 냥 빚을 갚는다'라는 속담이 있다. 아이를 바꾸고 말겠다는 신념을 가지고 아이를 대할 때 나의 말은 비수가 되어 아이 가슴에 콕콕 박혔을 것이다. 반대로 내가 바뀌면 된다고 마음을 먹으니 따뜻하고 편안하게 말하게 되었다. 신기한 일이다. 말에도 에너지가 흐른다는 것을 인정, 인정한다.

아들은 방학 중인데도 하루에 몇 번씩 씻어댄다. 언제나 빨래통은 수건이며 옷가지들로 수북이 쌓여있다. 생각해보니 아들에게 벗어놓은 옷가지들을 빨래통에 정리하라는 말을 거의 해보지 않은 것 같다. 매일 벗어놓은 빨랫감 수거하는 게 일이라고 했던 친구의 말이 떠올랐다. 변화가 있겠지 하며 나 스스로 생각을 바꿔보기로 마음을 먹어본다. 아이 방에서 발을 어디에 둬야 할지 모를 땐, 아이 말처럼 바닥을 찾아 밟기로 했다. 나는 요새 정리하자는 말을 확 줄였다. 바닥에서 뒹구는 아들의 외투를 말없이 슬쩍 옷걸이에 얹어주는 시크한 엄마가 되어가고 있다.

'사람이 먼저다'는 몇 년 전 대통령 선거 당시 문재인 대통령의 슬로건이었다. 나는 이 말을 참 좋아한다. 자꾸 하게 되는 이야기지만 나는 수십 년간 일에 치여 살아가고 있다. 문득문득 일의 노예가 맞는 것 같다는 생각을 할 때도 있다.
일반적인 회사 업무와는 다르게 아이들의 건강한 일상을 책임

있게 관리한다는 측면에서 어린이집이 운영되어진다. 나는 동료들에게 보육교사의 직장생활은 일반 직장인들의 사회생활과는 다르다는 것을 자주 이야기하게 된다. 한 기업의 최종 목표가 이윤 창출에 있다면 어린이집의 최종 목표는 한 아이의 바른 성장을 지원하는 데에 있다. 그중 교사의 역할이 가장 중요한 인적 요인이다.

하루는 내가 외부에 있을 때 동료로부터 전화가 걸려왔다. 공석일 때 전화가 온다는 것은 좋은 일이거나 안 좋은 일 중 하나다. 나는 무슨 일이 생겼나 걱정을 먼저 하며 전화를 받았다.

동료교사의 자녀가 혼자 병원을 갔는데 병원에서 보호자가 있어야 한다는 연락을 받았다는 것이다. '사람이 먼저다'라는 말을 좋아한다면 동료에게 어서 다녀오라고 했어야 맞았다. 그런데 다녀오라고 말은 하면서도 괜히 딴지를 걸게 되었다. '인수인계를 잘해라'부터 시작해서 '복귀가 가능하면 반가를 사용하고 들어왔으면 좋겠다'라고까지 말했다. 내가 생각해도 질린다, 질려.

그날 퇴근 후 저녁이 다 되어서야 나는 동료에게 연락을 했다. 다녀온 일은 어떤지, 아이는 괜찮은지, 앞으로도 차분하게 의논하면서 처리해나가자고 말이다. 감사하다는 인사가 건너왔다. 꼭 그 말을 들으려고 했던 것이 아니다.

입으로는 사람이 먼저라고 하면서 막상 오로지 일만 바라본 나 스스로가 너무 밉고 화가 났다. 마음의 무게가 천근만근이었을 동료의 마음부터 읽어주고 위로를 했어야 옳았다. 반백 년을 살았지만 아직 단단한 가슴을 가지려면 멀었다는 생각이 들었다.

나는 원고를 써가면서 책을 쓰기보다 반성문을 쓰는 것 같은 느낌이다. 지면을 빌어 나의 고마운 동료에게 또 반성의 고백을 한다. 이제 마음 헤아리는 인생 선배로 옆에 있겠노라고 말이다. 그리고 그녀에게 마음 단단해지는 위로를 보낸다. 삶이라는 바람은 언제나 자신이 원하는 방향으로 불어주지 않는다. 시련은 대나무 마디와 같아서 자신을 더욱 단단하게 만들어준다고 말이다.

아들의 티셔츠는 둥근 목선 부분이 거의 대부분 실밥이 뜯어져 있는 옷이 많다. 아들은 어떤 일에 몰두하면 셔츠를 끌어올려 이로 씹어대는 버릇이 있다. 한번은 무슨 일이 있냐고 걱정을 하기도 했다. 그다음은 '정서불안'이니 '애정결핍'이냐고 하면서 혼쭐을 내기도 했다.

멀쩡한 옷이 없을 정도니 할 말 다한 거다. 아들도 심각해보였는지 조심하는 듯했다. 너무 편하게 옷을 입는 편이라 몸에 꼭 맞는 옷은 선호하지 않는다. 어쩌면 너무 편하게 끌어당길 수 있는 옷만 입게 한 내가 원인을 제공했을 수도 있겠다.

한번은 단추를 잠그는 셔츠로 바꿔줬다. 아들은 그 옷에는 눈길도 주지 않았다. 잔소리는 싸움이 되고 관계를 깨뜨리는 독이 된다는 걸 알고 있다. 상대방을 변화시키려고 하기보다는 자신이 바뀌면 된다는 것도 이론으로는 완벽하게 알고 있다. 아들과의 관계 유지를 위해 숨 고르기 한번 하고 마음의 평정을 찾은 뒤 아이와 조근조근 대화를 시도할 순서이다.

"○○아! 윗옷이 다 헤져서 엄마가 속상한데?" 전문가가 말하는 효과적인 대화 방법인 '나 전달법'을 나는 어린이집에서는 곧잘 활용하는 편이다. 집에서는 수시로 나오는 버럭 때문에 실패하기 일쑤다. 의외로 아이는 "네, 조심할게요!"라고 대답했다. 생각보다 빠른 대답에 오히려 내가 머쓱해졌다. 나는 아들의 머리를 쓱 만지고 자리에서 일어났다. 아이가 조심한다고 대답했으니 더 이상 할 말이 없었다. 이제 내가 할 일은 아이를 믿고 지켜봐주는 일이다. 그동안 나는 오래 걸릴 수도 있다는 것을 늘 잊고 있었다.

아이에게 부모는 믿고 기다려주는 존재다. 이 마음이 부디 오래 이어지기 간절히 바란다. 상대방은 틀리고 내가 옳다고 주장할 때 말은 싸움이 되고 폭력이 된다. 급기야는 관계를 엉망으로 만들어버리는 경우가 많다. 좋은 말은 추진력을 지니고 있어서 좋은 결과를 만든다. 반면 부정적인 언어 표현은 부정적인 언어의 파편이 상대에게 고스란히 박혀서 회복 불가능한 결과를 초래할 수도 있다. 우리는 가장 중요하고 소중한 가족 간의 관계를 잘 유지하고 싶어

한다. 불현듯 이제껏 나의 언어생활을 돌아보게 된다. 무수히 뱉어 낸 말들 중에 좋은 말과 나쁜 말의 비중이 얼마나 될까 생각해본다. 상대는 틀리고, 잘못했으며 나는 무조건 옳고 잘했다는 염치없는 생각을 얼마나 하면서 살았나를 말이다. 말다툼에서 이기려고 수많은 사람에게 얼마나 많은 상처를 주고 미움을 샀을까 곱씹어도 본다.

자신에게 없는 것을 상대에게 줄 수 없다고 했다. 아는 만큼 행동할 수 있다고 한다. 너무 가난해서 마음까지도 팍팍했던 내 유년의 아픔들을 내가 그토록 사랑하는 아이에게 그대로 보여주고 있지는 않나 또 반성하는 순간이다.

아이를 키운다는 것은 아이의 성장과 함께 부모 또한 그만큼 자라나는 것임을 백번 공감하게 된다. 아이는 부모의 소유물이 아니다. 고장나면 바꾸고 고치면 되는 소모품이 아니다. 바르게 지키고 보호해야 할 가치있는 존재다.

어떤 순간에도 아이의 편이 되어줘라

부모는 자신의 아이가 부모가 원하는 대로, 부모가 하라는 대로 자라주기를 바란다. 나 또한 아이까지 잘 키우는 참 괜찮은 사람으로 살고자 했다. 아이가 어렸을 적엔 매시간 단위로 아이의 일상을 체크하는 대단한 엄마였다. 일하는 엄마라는 미안함도 있었지만 어떻게든 제대로 키워내고 싶었다. 실패하고 싶지 않았다는 표현이 맞겠다.

큰아이가 초등학교에 입학하고 얼마 후에 있었던 일이다. 학교를 마치고 엄마가 퇴근하는 시간까지는 서너 시간의 공백이 있었다. 어린아이가 혼자 있기에는 긴 시간이다. 학교 근처 피아노학원과 집과 가까운 태권도장을 등록했다. 각각 한 시간 정도를 보내고 나면 나의 퇴근 시간과 얼추 비슷하게 맞출 수 있었다.

어느 날은 태권도장 관장님에게 전화가 왔다. 아들이 태권도장에 오지 않았다는 것이다. 등골이 서늘해지면서 심장이 방망이질해 댔다. 당장 아들을 찾아서 나설 수도 없는 상황이었다. 우선 태권도장에 가기 전 들르는 피아노학원에 전화를 했다. 피아노 같은 맑은 목소리로 원장이 전화를 받았다.

"태권도장에 내려줬어요!"라는 것이다. 피아노학원 차량을 이용해 태권도장까지 이동하기 때문에 확인이 필요했다. 태권도장에 내려줬다는 아이가 태권도장에 오지 않았다면 사고가 분명했다. 자꾸 나쁜 생각만 하게 되었다. 제발 아무 일도 없기만을 기도했다. 업무를 부랴부랴 마치고 부리나케 집으로 향했다. 선견지명일까? 어쩌면 아이를 만날 수 있을지도 모르니 최대한 서행하면서 갓길을 눈여겨봤다. 아니나 다를까 아들의 모습이 보였다. 당황하지 않으려고 애썼다. 만났으니 됐다고 생각했다.

"○○아! 무슨 일이야?" 아들을 차에 태우고 나는 물었다. 최대한 편안한 목소리로 말이다. "엄마한테 허락받으려구요!"라는 아이의 대답에 머리가 하얘졌다. 대체 얼마나 중요한 일이길래 허락을 받기 위해 3km가 넘는 거리를 걸어온 걸까?

피아노학원 버스를 놓쳤다고 했다. 피아노학원에서는 분명히 내려줬다고 하지 않았던가? 둘 중 한 사람은 거짓말을 하고 있다는 생각에 한 번 더 물었다. 책을 좋아하는 아이가 책을 읽고 있는 사이 버스가 출발해버렸다는 것이다. 아이는 차로 이동했던 짐작으로 짧은 거리라고 생각해 집까지 걸어갔다는 것이다.

도착 후 너무 힘들어 엎드렸는데 잠이 들었고 깨어보니 태권도장도 이미 마칠 시간이었다는 것이다. 너무나 완벽하게 알리바이가 들어맞았다. 태권도장에 내려줬다는 선생의 말은 거짓이 분명했다. 곧 엄마를 만나게 될 테고 태권도장에 안 간 걸 알면 난리가 날게 뻔했다(평소에도 나는 약속은 지키기 위해서 생긴 말이라고 외쳐댄다).

태권도장 못 간 이유를 설명하고 이해시키기 위해 나를 만나러 오는 길이었다는 아들. 나는 그날 막 초등학교에 입학한 아들을 안고 한참을 울었다. 피아노학원에 항의할 정신도 없었다. 태권도장에 아들을 찾았다는 말을 전할 여유도 없었다. 피아노학원 차량 운전기사가 착각했다는 말을 전해왔다. 너무 무책임한 답변에 화가 머리끝까지 났다. 하지만 아이가 무사했으니 어떤 것도 문제 삼지 않겠다고 했다. 감사하다며 더 신경쓰겠다고 했다. 아이들에게는 믿을 수 있는 어른이 있어야 한다. 그게 부모이든 교사이든 아이의 말에 진심을 다해 듣고 믿어주는 어른 말이다. 그날 이후 큰아이가 피아노 건반을 두드리는 일은 볼 수 없게 되었다. 가끔 그 길을 산책하며 1학년으로 돌아가 그날의 추억을 주절거릴 때는 있다.

가족이라는 울타리는 아이가 태어나서 처음 경험하는 사회다.

가정 교육의 핵심은 아이를 인격체로 대하고 존중하는 것이다. 어리다고 해서 부모 마음대로 할 수 있는 대상이 아니기 때문이다. 누구나 아이였고 아이는 언젠가 어른이 된다. 자녀가 어떤 어른으로 살아가기를 바라는지를 생각해보면 훨씬 해답은 쉽게 찾을 수 있다. 육아는 아이가 당당하고 행복한 어른으로 살아가게 하기 위한 기초 과정이다.

사춘기에 접어들면서 큰아이는 말수가 부쩍 줄었다. 당연한 현상이지만 딸이 없는 나로서는 가끔 수다스럽게 하하 호호거리는 장면이 그리운 건 사실이다.

둘째는 또 형하고는 다른 성향을 가진 아이다. 노래 부르기를 좋아하고 사소한 일에도 육하원칙에 근거해 말하는 것을 즐기는 아이다. 함께 있으면 심심하지는 않아 좋다. 초등학교, 중학교를 마치는 동안 엄마란 사람이 학교에 가본 것은 몇 번 되지 않는다. 운동회 참석을 포함한 횟수가 서너 번에 불과하다. 그 흔한 상담 기간에도 학교생활 잘하고 있는데 굳이하면서 전화로 인사 정도를 나눌 뿐이었다.

학교를 좋아하는(엄마 생각이다) 큰아이가 중학교 1학년 때였다. 오후 늦게 아이의 담임선생님이 전화가 왔다. 부모라면 누구나 경험했을 것이다. 아이가 있는 어린이집이나 학교에서 전화가 걸려오면 말보다 먼저 가슴이 '쿵' 내려 앉는다.

그날도 그랬다. 급식 먹던 중에 친구가 아이의 머리 위로 된장국을 쏟았다고 했다. 옷이 젖었고 체육복으로 갈아입고 교무실에 있다고 했다. 사건은 잘 해결됐고 집에 가면 놀랄까 봐 전화를 한다는 내용이었다. 알았다고 대답하고 전화를 끊었다. 그런데 아무리 생각해도 뭔가 찜찜한 기분이었다. 아이는 남녀 공학에 다니고 있다. 급식시간이라면 다른 반 학생들도 함께 이용할 것이 분명했다. 옷을 갈아입을 정도였으면 꽤 많은 양의 국을 엎질렀다는 거였다. 상황을 정확히 알아볼 필요가 있을 것 같았다. 아이들끼리 장난치는 정도로 가볍게 생각했다가 문제가 크게 되는 경우가 있기 때문이었다.

나는 선생님께 다시 전화를 걸어 학교를 방문하겠다고 했다. 그리고 아이와 그 친구도 함께 만날 수 있으면 좋겠다고 말씀드렸다. 부모의 동의가 있어야 하는 상황으로 상대방 아이를 만나는 것은 불가능하다고 했다. 문제로 보면 문제일 수 있는 상황에서 선생님의 답변이 탐탁지 않았지만 어쩔 수 없었다. 아이는 체육복을 갈아입고 교무실에 앉아있었다. 아무 일도 없었던 것처럼 말이다. 선생님께 자초지종을 듣기도 전에 아이가 먼저 나를 불렀다.

"엄마! 흥분하지 마세요! 우린 다 해결했고 특히 선생님은 아무 잘못 없어요! 그리고 집에 가서 제가 다 말씀드릴게요. 학교에서 큰 소리 내면서 이야기하는 것은 아니라고 봐요."

꽤나 길고 차분하게 아들은 말을 이었다. 기분이 확 나빴지만 아이 앞에서 체면을 차려야 했다. 아이의 첫 학교 방문기는 그렇게 너무 짧게 끝나버렸다.

아이는 말대로 집으로 돌아와 자초지종을 설명해줬다. 급식실에서 초등학교 동창을 만났다고 했다. 점심을 먹으면서 농담을 던졌는데 상대방 친구가 언짢아했고 하지 말라고 했단다. 그걸 확인하지 못한 아이는 두 번째 농담에 이어 세 번째를 반복했다. 참지 못한 친구가 화가 난건 당연한 일이다. 식판에 있던 국을 아이의 머리 위로 쏟는 것으로 화난 마음을 표현한 것이다.

선생님이 현장에 계셨던 것도 아니어서 선생님께 뭐라고 할 상황을 아니었다는 것이 아들의 입장이었다. 그 친구도 사과를 했고 본인도 사과를 하면서 서로 화해를 했다는 것이다. 괜히 문제를 만들지 말라고까지 했다. 감히 엄마를 가르치려든다는 생각이 들어 버럭 하고 싶은 마음을 겨우 눌렀다.

"그래, 네가 엄마를 하던가?"라면서 엄한 남편한테만 구시렁거렸다. 한편으론 얼마나 감사한 마음이 큰지 몰랐다. 요즘 최고 무서운 아이들이 중학생이라고 하지 않던가? 난 아이의 말을 들으면서 '엄마보다 낫구나'라는 생각을 했다. 이미 일은 벌어졌고 없던 일로 되지 않을 바에야 들춰내서 뭘 어떻게 하겠다는 건가? 이미 상황이 종료되었고 당사자들이 아무렇지 않다면 되는 것 아닌가.

복잡했던 마음이 차근차근 퍼즐 조각처럼 맞춰지면서 생각이 정리됐다. 그리고는 담임선생님께 장문의 문자를 보냈다. 염려를 끼쳐 죄송했고 아이에게 충분히 들었노라는 내용이었다. 선생님의 답장에서도 난 아이에게 감사한 마음이 들었다. 그런 일을 당했으면 충분히 흥분하고 화나고 당황스러워했을 텐데 그렇지 않더라는 것이다. 상황을 보고 달려온 반 친구들이 호들갑을 떨었을 뿐 아이는 오히려 상대방 친구에게 하지 말라는 말을 못 들었다고 사과했다고 했다. 젖은 옷은 체육복으로 갈아입으면 된다고 선생님을 안심시켰다는 것이다. 엄마가 속상해할 것이라는 선생님 말씀에 괜찮을 거라고 오히려 선생님을 걱정하더란다. 부처님 같은 아들 덕분에 나는 그날 흥분하지 않고 제법 교양있는 엄마의 모습을 유지할 수 있었다.

"도움이 필요할 때는 말해!" 나는 아이들에게 간섭과 자율을 적절하게 배분한다고 생각한다. 지극히 나의 주관적인 견해지만 말이다. 그 간섭이 잔소리로 메아리치는 날이 많아서 늘 돌아서서 반성하게 되는 현실 엄마지만 한가지만은 분명히 말할 수 있다. 부모가 아이를 믿어주는 만큼 아이들은 바르게 스스로 잘 성장해간다. 선생님을 위로하고 엄마를 진정시키는 마음이 넉넉한 어른으로 준비해가는 것이다.

부모라는 지위를 남용하지 마라

    자녀에게 좋은 부모가 되고 싶은 마음은 모든 부모의 희망사항이다. 특히 부모만을 믿고 세상과 마주하는 영유아에게는 부모의 역할은 신적인 존재라고 해도 과언이 아니다.

    나는 "먹여주고 입혀주면 됐지! 뭐가 부족하냐?"라고 하던 가난한 부모님과 함께 어린 시절을 보냈다. 부모가 아이를 키운다는 것은 단순히 먹이고 입히고 가르치는 것이 전부가 아니다. 생명을 유지하기 위한 생리적인 욕구 외에도 사랑과 칭찬, 공감 등 정서적인 요구의 충족이 무엇보다 중요하다. 사랑도 받아본 사람이 베풀 줄 안다고 한다. 당시 부모님의 경제적인 가난은 마음까지도 가난하게 만들었던 것 같다. 두 아들을 키우는 부모가 된 지금, 나 역시 가난한 마음으로 아이들을 대하고 있지는 않은지 가끔씩 돌아보게 된다.

가난한 부모님은 가난함을 무기로 많은 희생을 강요하셨다. 학교에서 집으로 돌아오기 싫을 정도였다. 학교를 마치면 비 오는 날을 빼고는 어김없이 부모님이 하시는 밭일을 도와야 했다. 대부분 해가 떨어져서야 집으로 돌아온다. 허드렛일을 하며 밭일을 거의 마쳐갈 때쯤 어머니는 제일 작다는 이유로 나를 서둘러 집으로 보낸다. 일꾼으로서는 비효율적이라는 생각을 하셨을 거다. 저녁밥을 지으라는 숙제를 던져주시며 나를 밭일에서 제외시켰다. 아궁이에 불을 때서 밥을 짓는다는 것은 여간 신경 쓰이고 곤혹스러운 일이 아닐 수 없다.

키 작은 짧은 다리로 겨우 집으로 돌아와 저녁 준비를 하고 있을라치면 밭일을 마무리한 가족들이 돌아온다. 이쯤 되면 상황이 좀 복잡해지면서 화가 나기 시작한다. 집에 일찍 갔으면서 뭐 하느라 지금껏 밥도 안 했냐고 타박을 한다. 차라리 밭에서 쭈그리고 앉아 풀을 뽑는 게 백번 낫다는 생각이 들 정도다. 이렇게 나에게는 밭일에서도 집안일에서도 큰 성과를 못 내는 깍두기 같은 임무가 주어지고는 했다.

부모님은 언제나 일에 묻혀 사셨다. 부지런함 덕분에 꽤 되는 과수원을 경작할 수 있는 농부가 되었음을 인정한다. 자수성가한 셈이다. 부모님 세대가 쉬지 않고 달려온 근성이 대한민국을 최단기간 내 경제 강국으로 성장시킨 것도 사실이다. 가난을 이겨내는 것만이 가족을 위해 할 수 있는 최선의 방법이었을 것이다.

아버지는 1940년생이다. 팔순이 넘은 나이에도 농사에서 손을 떼기가 쉽지 않았다. 몇 년 전 뇌경색 판정을 받고 건강이 안 좋아지면서 어렵게 내린 결정이다. 과수원을 임대해줬는데 임대인의 농사 솜씨가 마음에 들지 않아 하신다. 평생 해온 일이니 그럴 수도 있겠다라는 생각도 들지만 이제 그만 쉬셨으면 좋겠다.

나는 가난한 것도 싫었지만, 가난 때문에 일만 해야 하는 현실도 받아들이기 힘들었다. 가끔 부모님을 원망하려는 마음이 꿈틀거리기도 했다. 먹여주고 입혀주고 학교를 보내주는 것으로 부모 노릇을 다 한다고 여기던 그곳에서 탈출하고도 싶었다. 빨리 어른이 되고 싶었다. 그새 나는 가끔 부모님과 옛날이야기를 나눌 만큼 어른이 되어버렸다. "정말 가난했고 죽도록 일만 시키셨다"라고 말을 하면 아버지는 "먹고 살려니 어쩔 수 없더라"라고 대답하신다. 어른이 되면 내 부모처럼 살지 않으리라 다짐하면서 가난한 시절을 보냈던 것 같다. 쉰을 넘긴 지금 여전히 일에 파묻혀 사는 나를 발견하게 된다. 부디 마음은, 마음만은 부자이기를 바라면서 말이다.

부모의 가장 큰 고민은 자녀를 어떻게 잘 키울 수 있을까 하는 것이다. 자녀 교육은 사랑과 통제에 있다. 미국의 심리학자 바움린드(D. Baumrind)는 부모의 양육 방식을 애정과 통제의 수준에 따라 다음의 네 가지로 분류했다.

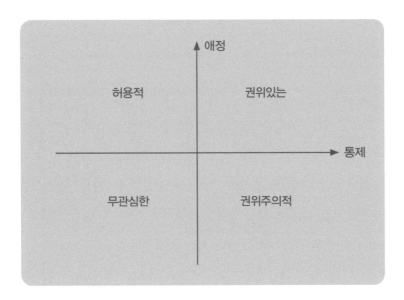

〈애정과 통제 수준에 따른 부모의 양육 방식〉

첫 번째는 높은 수준의 애정과 높은 수준의 통제를 보이는 권위 있는 양육 방식이다. 이 경우 부모는 자녀의 행동을 주의 깊게 관찰한다. 자녀들의 행동에 합리적이고 일관된 기준을 정하게 된다. 부모는 자녀와의 대화를 통해 자녀와 의견을 나눈다. 권위적인 양육 방식을 가진 부모에게서 자란 아이들은 독립심이 강하고 자존감이 높으며 또래 관계에서도 원만함을 보이는 것으로 나타났다. 가장 이상적이고 바람직한 양육 방식이다.

두 번째, 권위주의적 양육 방식은 높은 수준의 통제를 보이지만 낮은 수준의 애정을 보인다. 부모는 엄격한 규칙을 강요하고 자녀의 잘못에 대해 단호하게 처벌한다. 자녀와의 대화를 시도하기 보다는 물리적인 방법을 동원해 해결하려고 한다. 이런 부모에게서 자란 아이는 자신의 감정을 존중받지 못한 경험으로 무력감에 빠지기 쉽다. 자신의 감정을 적절하게 표현하지 못하기 때문에 상대의 결정을 따르게 된다. 때문에 또래 관계에서도 원만하지 못한 편이다.

세 번째, 허용적 양육 방식은 자녀에게 전적으로 허용하는 태도다. 일종의 '오냐, 오냐' 방식으로 자녀를 대하는 경우를 말한다. 낮은 수준의 통제를 보이기 때문에 자녀의 행동이 옳다고 믿는 오류를 범할 수도 있다. 가장 사랑을 주는 양육 방식으로 보일 수도 있다. 그러나 자칫 잘못하면 규칙을 지키지 않는 자기 통제력이 없는 버릇 없는 아이로 성장할 우려가 있다.

네 번째는 사랑한다는 표현도, 질서나 규칙을 가르치지도 않는 무관심한 양육 방식이다. 아이의 행동에 관심을 두거나 반응하지 않는다. 가장 위험한 양육 태도라고 볼 수 있다. 무관심한 부모 아래서 자란 아이는 무력감과 우울감을 느끼기 쉽다. 대인관계에서도 관심을 보이면 회피하게 된다.

무조건 허용적이라고 해서, 엄격하게 통제한다고 해서 아이가 제대로 성장하는 것은 아니다. 사랑과 통제가 균형을 이루어야 한다.

그렇다면 '나는 어떤 유형의 부모일까?' 부모의 생각만을 강요하고 주입시키려는 모습은 없었나? 아이와 충분한 대화는 하고 있는가? '네 맘대로 해라' 하며 방관하고 있지는 않나? 지나치게 '안돼'를 강조하고 있는 것은 아닐까?

우리는 살아가면서 많은 갈등과 유혹을 만나게 된다. 그럼에도 불구하고 어떤 결정을 해야만 하는 순간이 온다. 대부분 통제하기 어려운 감정과 행동, 생각들에 대한 통제와 결정의 반복이 바로 삶이다.

부모가 어떤 양육태도를 보이느냐에 따라 아이의 삶의 질이 달라지게 된다. 어떤 부모가 좋은 부모인가를 결정하는 것은 사랑과 통제의 적절한 배분에 있다. 이것이 공감 능력이다. 부모가 처음인 우리는 제대로 부모 역할을 하는 데도 연습과 반복을 게을리하지 말아야 한다.

이 지면을 빌어 한때 아버지를 원망했던 마음을 사죄드린다. '그 땐 그랬지!' 가난한 시절 나의 부모님이 행한 최선의 부모 역할에 감사하며 건강을 기원한다. 덕분에 그 아이는 어른이 되었고 두 아이의 부모가 될 수 있었음을 고백한다.

육아는 모든 순간이 소통이다

제1판 1쇄 2022년 5월   5일
제1판 2쇄 2022년 6월 24일

지은이   명랑 고명순
펴낸이   서정희   **펴낸곳**   매경출판(주)
기획제작 ㈜두드림미디어
책임편집 이향선   **디자인**   얼앤똘비악earl_tolbiac@naver.com
마케팅   김익겸, 장하라

매경출판㈜
등록 2003년 4월 24일(No. 2-3759)
주소 (04557) 서울시 중구 충무로 2(필동1가) 매일경제 별관 2층 매경출판㈜
홈페이지 www.mkbook.co.kr
전화 02)333-3577
이메일 dodreamedia@naver.com(원고 투고 및 출판 관련 문의)
인쇄·제본 ㈜M-print   031)8071-0961
ISBN 979-11-6484-399-2 (13590)